国家出版基金项目
NATIONAL PUBLICATION FOUNDATION

ARJ21新支线飞机技术系列

主编 郭博智 陈 勇

支线飞机验证试飞技术

Regional Aircraft
Certification Flight Test Technology

修忠信 田海玲 由立岩 等 著

上海交通大学出版社
SHANGHAI JIAO TONG UNIVERSITY PRESS

大飞机读者俱乐部

内容提要

作为我国首架依据适航规章要求进行试飞的民用涡扇支线客机,ARJ21-700飞机开创了多项国内民机试飞的先河,其中多个试飞科目填补了国内空白,并初步建立了适合我国国情的民机试飞体系,有力推动了国内民机试飞产业的发展,为后续民机型号验证试飞工作提供了借鉴。

对于ARJ21-700飞机而言,经验是个严格的老师,总是先考试后讲课。ARJ21-700飞机试飞工作在取得成绩的同时也经历了无数的困难和挑战,为今后的国产飞机试飞积累了宝贵的经验。本书以ARJ21-700飞机的试飞工作为背景,从试飞规划、计划,到试飞准备、执行和结果管理,对民机试飞技术进行了系统的论述。同时,对试飞工作中涉及的适航管理、构型管理、故障处理和风险评估技术等工作进行了阐述,对特殊场地和特殊气象条件下的试飞、功能和可靠性试飞等任务也进行了介绍。

本书可作为民机试飞技术的基础教材,也可供相关单位开展民机试飞工作时参考。

图书在版编目(CIP)数据

支线飞机验证试飞技术/修忠信等著. 上海:
上海交通大学出版社,2017
大飞机出版工程
ISBN 978-7-313-18586-0

Ⅰ.①支… Ⅱ.①修… Ⅲ.①运输机-技术 Ⅳ.
①V271.2

中国版本图书馆 CIP 数据核字(2017)第 306468 号

支线飞机验证试飞技术

著　　者:修忠信　田海玲　由立岩 等
出版发行:上海交通大学出版社　　　　　　　　地　　址:上海市番禺路 951 号
邮政编码:200030　　　　　　　　　　　　　　电　　话:021-64071208
出 版 人:谈　毅
印　　制:上海万卷印刷股份有限公司　　　　　经　　销:全国新华书店
开　　本:710 mm×1000 mm　1/16　　　　　　印　　张:14.25
字　　数:275 千字
版　　次:2017 年 12 月第 1 版　　　　　　　　印　　次:2017 年 12 月第 1 次印刷
书　　号:ISBN 978-7-313-18586-0/ V
定　　价:125.00 元

大飞机出版工程

丛书编委会

ARJ21新支线飞机技术系列

编委会

总　序

国务院在 2007 年 2 月底批准了大型飞机研制重大科技专项正式立项,得到全国上下各方面的关注。"大型飞机"工程项目作为创新型国家的标志工程重新燃起我们国家和人民共同承载着"航空报国梦"的巨大热情。对于所有从事航空事业的工作者,这是历史赋予的使命和挑战。

1903 年 12 月 17 日,美国莱特兄弟制作的世界第一架有动力、可操纵、比重大于空气的载人飞行器试飞成功,标志着人类飞行的梦想变成了现实。飞机作为 20 世纪最重大的科技成果之一,是人类科技创新能力与工业化生产形式相结合的产物,也是现代科学技术的集大成者。军事和民生的需求促进了飞机迅速而不间断的发展和应用,体现了当代科学技术的最新成果;而航空领域的持续探索和不断创新,也为诸多学科的发展和相关技术的突破提供了强劲动力。航空工业已经成为知识密集、技术密集、高附加值、低消耗的产业。

从大型飞机工程项目开始论证到确定为《国家中长期科学和技术发展规划纲要》的十六个重大专项之一,直至立项通过,不仅使全国上下重视我国自主航空事业,而且使我们的人民、政府理解了我国航空事业半个多世纪发展的艰辛和成绩。大型飞机重大专项正式立项和启动使我们的民用航空进入新纪元。经过 50 多年的风雨历程,当今中国的航空工业已经步入了科学、理性的发展轨道。大型客机项目产业链长、辐射面宽、对国家综合实力带动性强,在国民经济发展和科学技术进步中发挥着重要作用,我国的航空工业迎来了新的发展机遇。

大型飞机的研制承载着中国几代航空人的梦想,在 2016 年造出与波音公司

B737和空客公司A320改进型一样先进的"国产大飞机"已经成为每个航空人心中奋斗的目标。然而，大型飞机覆盖了机械、电子、材料、冶金、仪器仪表、化工等几乎所有工业门类，集成数学、空气动力学、材料学、人机工程学、自动控制学等多种学科，是一个复杂的科技创新系统。为了迎接新形势下理论、技术和工程等方面的严峻挑战，迫切需要引入、借鉴国外的优秀出版物和数据资料，总结、巩固我们的经验和成果，编著一套以"大飞机"为主题的丛书，借以推动服务"大飞机"作为推动服务整个航空科学的切入点，同时对于促进我国航空事业的发展和加快航空紧缺人才的培养，具有十分重要的现实意义和深远的历史意义。

2008年5月，中国商用飞机有限公司成立之初，上海交通大学出版社就开始酝酿"大飞机出版工程"，这是一项非常适合"大飞机"研制工作时宜的事业。新中国第一位飞机设计宗师——徐舜寿同志在领导我们研制中国第一架喷气式歼击教练机——歼教1时，亲自撰写了《飞机性能及算法》，及时编译了第一部《英汉航空工程名词字典》，翻译出版了《飞机构造学》《飞机强度学》，从理论上保证了我们的飞机研制工作。我本人作为航空事业发展50多年的见证人，欣然接受上海交通大学出版社的邀请担任该丛书的主编，希望为我国的"大飞机"研制发展出一份力。出版社同时也邀请了王礼恒院士、金德琨研究员、吴光辉总设计师、陈迎春副总设计师等航空领域专家撰写专著、精选书目，承担翻译、审校等工作，以确保这套"大飞机"丛书具有高品质和重大的社会价值，为我国的大飞机研制以及学科发展提供参考和智力支持。

编著这套丛书，一是总结整理50多年来航空科学技术的重要成果及宝贵经验；二是优化航空专业技术教材体系，为飞机设计技术人员的培养提供一套系统、全面的教科书，满足人才培养对教材的迫切需求；三是为大飞机研制提供有力的技术保障；四是将许多专家、教授、学者广博的学识见解和丰富的实践经验总结继承下来，旨在从系统性、完整性和实用性角度出发，把丰富的实践经验进一步理论化、科学化，形成具有我国特色的"大飞机"理论与实践相结合的知识体系。

"大飞机出版工程"丛书主要涵盖了总体气动、航空发动机、结构强度、航电、制造等专业方向，知识领域覆盖我国国产大飞机的关键技术。图书类别分为译著、专著、教材、工具书等几个模块；其内容既包括领域内专家们最先进的理论方法和技术成果,也包括来自飞机设计第一线的理论和实践成果。如:2009 年出版的荷兰原福克飞机公司总师撰写的 *Aerodynamic Design of Transport Aircraft*(《运输类飞机的空气动力设计》);由美国堪萨斯大学 2008 年出版的 *Aircraft Propulsion*(《飞机推进》)等国外最新科技的结晶;国内《民用飞机总体设计》等总体阐述之作和《涡量动力学》《民用飞机气动设计》等专业细分的著作;也有《民机设计 1 000 问》《英汉航空缩略语词典》等工具类图书。

　　该套图书得到国家出版基金资助,体现了国家对"大型飞机"项目以及"大飞机出版工程"这套丛书的高度重视。这套丛书承担着记载与弘扬科技成就、积累和传播科技知识的使命,凝结了国内外航空领域专业人士的智慧和成果,具有较强的系统性、完整性、实用性和技术前瞻性,既可作为实际工作指导用书,亦可作为相关专业人员的学习参考用书。期望这套丛书能够有益于航空领域里人才的培养,有益于航空工业的发展,有益于大飞机的成功研制。同时,希望能为大飞机工程吸引更多的读者来关心航空、支持航空和热爱航空,并投身于中国航空事业做出一点贡献。

2009 年 12 月 15 日

序

　　民用飞机产业是大国的战略性产业。民用客机作为一款高附加值的商品,是拉动国家经济发展的重要力量,是体现大国经济和科技实力的重要名片,在产业和科技上具有强大的带动作用。

　　自新中国成立以来,中国民机产业先后成功地研制了 Y-7 系列涡桨支线客机和 Y-12 系列涡桨小型客机等民用飞机。在民用喷气客机领域,曾经在 20 世纪 70 年代自行研制了运-10 飞机,国际合作论证了 MPC-75、AE-100 等民用客机,合作生产了 MD-80 和 MD-90 飞机。民机制造业转包生产国外民机部件,但始终没有成功研制一款投入商业运营的民用喷气客机。

　　支线航空发展迫在眉睫。2002 年 2 月,国务院决定专攻支线飞机,按照市场机制发展民机,并于 11 月 17 日启动 ARJ21 新支线飞机项目,意为"面向 21 世纪的先进涡扇支线飞机(Advanced Regional Jet for the 21st Century)"。从此,中国民机产业走上了市场机制下的自主创新之路。

　　ARJ21 作为我国民机历史上第一款按照国际通用适航标准全新研制的民用客机,承担着中国民机产业先行者和探路人的角色。跨越十五年的研制、取证和交付运营过程,经历的每一个研制阶段,解决的每一个设计、试验和试飞技术问题,都是一次全新的探索。经过十五年的摸索实践,ARJ21 按照民用飞机的市场定位打通了全新研制、适航取证、批量生产和客户服务的全业务流程,突破并积累了喷气客机全寿命的研发技术、适航技术和客户服务技术,建立了中国民机产业技术体系和产业链,为后续大型客机的研制打下了坚实的基础。

习近平总书记考察中国商飞公司时要求改变"造不如买、买不如租"的逻辑,坚持民机制造事业"不以难易论进退",在 ARJ21 取证后要求"继续弘扬航空报国精神,总结经验、迎难而上"。马凯副总理 2014 年 12 月 30 日考察 ARJ21 飞机时,指出,"要把 ARJ21 新支线飞机项目研制和审定经验作为一笔宝贵财富认真总结推广"。工信部副部长苏波指出:"要认真总结经验教训,做好积累,形成规范和手册,指导 C919 和后续大型民用飞机的发展。"

编著这套书,一是经验总结,总结整理 2002 年以来 ARJ21 飞机研制历程中设计、取证和交付各阶段开创性的重要成果及宝贵经验;二是技术传承,将民机研发技术专家、教授、学者广博的学识见解和丰富的实践经验总结继承下来,把丰富的实践经验进一步理论化、科学化,形成具有我国特色的民机理论与实践相结合的知识体系,为飞机设计技术人员提供参考和学习的材料;三是指导保障,为大飞机研制提供有力的技术保障。

丛书主要包括了项目研制历程、研制技术体系、研制关键技术、市场研究技术、适航技术、运行支持系统、关键系统研制和取证技术、试飞取证技术等分册的内容。本丛书结合了 ARJ21 的研制和发展,探讨了支线飞机市场技术要求、政府监管和适航条例、飞机总体、结构和系统关键技术、客户服务体系、研发工具和流程等方面的内容。由于民用飞机适航和运营要求是统一的标准,在技术上具有高度的相似性和相关性,因此 ARJ21 在飞机研发技术、适航验证和运营符合性等方面取得的经验,可以直接应用于后续的民用飞机研制。

ARJ21 新支线飞机的研制过程是对中国民机产业发展道路成功的探索,不仅开发出一个型号,而且成功地锤炼了研制队伍。参与本套丛书撰写的专家均是 ARJ21 研制团队的核心人员,在 ARJ21 新支线飞机的研制过程中积累了丰富且宝贵的实践经验和科研成果。丛书的撰写是对研制成果和实践经验的一次阶段性的梳理和提炼。

ARJ21 交付运营后,在飞机的持续适航、可靠性、使用维护和经济性等方面,继续经受着市场和客户的双重考验,并且与国际主流民用飞机开始同台竞技,因此需要针对运营中间发现的问题进行持续改进,最终把 ARJ21 飞机打造成为一款航空公司愿意用、飞行员愿意飞、旅客愿意坐的精品。

ARJ21是"中国大飞机事业万里长征的第一步",通过ARJ21的探索和积累,中国的民机产业会进入一条快车道,在不远的将来,中国民机将成为彰显中国实力的新名片。ARJ21将继续肩负着的三大历史使命前行,一是作为中国民机产业的探路者,为中国民机产业探索全寿命、全业务和全产业的经验;二是建立和完善民机适航体系,包括初始适航、批产及证后管理、持续适航和运营支持体系等,通过中美适航当局审查,建立中美在FAR/CCAR-25部大型客机的适航双边,最终取得FAA适航证;三是打造一款具有国际竞争力的喷气支线客机,填补国内空白,实现技术成功、市场成功、商业成功。

这套丛书获得2017年度国家出版基金的支持,表明了国家对"ARJ21新支线飞机"的高度重视。这套书作为上海交通大学出版社"大飞机出版工程"的一部分,希望该套图书的出版能够达到预期的编著目标。在此,我代表编委会衷心感谢直接或间接参与本系列图书撰写和审校工作的专家和学者,衷心感谢为此套丛书默默耕耘三年之久的上海交通大学出版社"大飞机出版工程"项目组,希望本系列图书能为我国在研型号和后续型号的研制提供智力支持和文献参考!

ARJ21总设计师

2017年9月

本书编委会

主　编

修忠信　田海玲　由立岩

编写人员

严子焜　袁　冲　刘　广　朱卫东
刘寒松　张大伟　杨　李

前　　言

ARJ 21 项目作为新时代中国大型民用飞机的开拓者,历经 12 年的技术攻关。项目的研制成功实现了几代航空人"让中国的大飞机翱翔蓝天"的梦想,开启了中国民机产业的新时代。作为中国民机产业开路先锋的 ARJ21 - 700 飞机,经过十余年的自主创新,突破了一系列的重大技术难关,为 C919 和 CR929 等后继型号的研发积累了宝贵经验。

在试飞领域,试飞需求的确定、验证试飞适航审查程序的建立和完善、试飞风险管理、试飞组织管理、试飞资源整合能力等方面有了质的提升和飞越。溅水、最小离地速度、失速、模拟冰型以及功能和可靠性等一系列试飞中的多项技术填补了国内空白,自然结冰和大侧风还首次走出国门,实现了中国飞机首次在国外开展试飞。通过 ARJ21 - 700 飞机的试飞,初步形成了符合国情的民机试飞程序、方法、工具和标准,建立起有中国特色的试飞技术体系、管理体系和标准体系。编写本书的目的,是通过对 ARJ21 - 700 飞机验证试飞工作的回顾,对民机验证试飞工作进行系统性的论述,对其中的重要成果和经验进行总结整理,并进一步将其理论化、科学化,形成圭臬,满足试飞人才培养的需求,为后续民机型号的研制提供支持。

本书以 ARJ21 - 700 飞机验证试飞工作为背景,从运输类飞机验证试飞技术的特征和过程出发,论述了运输类飞机验证试飞技术体系。全书从试飞规划、计划,到试飞准备、执行和结果管理,对民机试飞技术进行了系统的论述。同时,对试飞工作中涉及的适航管理、构型管理、故障处理和风险评估技术等主要工作进行了阐述,对特殊场地和特殊气象条件下的试飞、功能和可靠性试飞等任务也进行了介绍。

相较以往试飞技术书刊倾向于介绍具体试飞科目,本书更加侧重对验证试飞技术方法和技术体系进行系统性论述,并辅以大量的真实案例进行说明。全书涉猎广泛,主要内容是对 ARJ21-700 飞机试飞实践进行的积累、总结和创新,部分内容引用了中国民航局的相关规章和程序文件,也有的内容引用 FAA 相关文件,既有理论上的指导,也有具体的案例,具有较高的参考价值和实用价值。

本书编写组的成员均是在试飞现场长期工作的一线科研人员,对试飞工作知之、好之、乐之。本书的章节编写分工如下:修忠信负责第 1 章;由立岩负责第 2 章;严子焜负责第 3 章、第 5 章;田海玲负责第 4 章;朱卫东负责第 6 章、第 11 章;刘广负责第 7 章;刘寒松负责第 8 章、第 15 章;张大伟负责第 9 章、第 13 章、第 16 章;袁冲负责第 10 章、第 12 章;杨李负责第 14 章;修忠信对全书进行了统编和统校。

衷心感谢为本书默默耕耘的上海交通大学出版社"大飞机"项目组。同时,由于编者能力和占有数据的限制,部分内容引用了一些 ARJ21-700 飞机总结报告中的内容,由于这部分文章未公开发表,无法在参考文献中一一标明,在此对涉及的所有编写人员一并致谢。限于编者水平和能力,一些概念、名词、术语的准确性尚存在值得推敲的地方,欢迎广大读者批评指正。

希望本书能够为我国在研型号和后续型号的研制提供支持、成为再提升的基础。我们有理由相信,随着国内民机试飞水平的快速提高,高水平民机试飞人才的不断涌现,中国民机的试飞之路必将走得更稳、更快、更好。

著　者

2017.10

术　语　表

B

伴飞　chase plane

　　伴随试飞飞机而进行的飞行,用来观察试飞飞机的空中状况,执行摄像等任务,并可及时发出警告。

包线　flight envelope

　　以飞行速度或马赫数、高度和过载等飞行参数为坐标,以不同飞行限制条件如最大速度、最小速度、最大过载、升限、最大速压等为边界所画出的封闭几何图形。

C

测试方案　measurement project

　　根据试飞要求编制的,作为试验测量实施的指导性技术文件。包括相关测试仪器、设备及相应的控制和保护装置的选型,系统集成方案及相应的数据处理方法的制订等。

测试设备　flight test installation

　　用于飞行试验的测试设备、仪器及相关处理设施。

D

地面数据分析系统　ground data analysis system,GDAS

　　地面用于接收机载设备发送的遥测信号,并实现数据监控和分析的数据系统。

F

飞机飞行手册　aircraft flight manual,AFM

　　为飞行机组提供在所有预计飞行过程中安全有效地操纵航空器所必需的使用限制、程序、性能和系统资料操作类手册。

飞行机组操作手册　flight crew operating manual,FCOM

　　飞行机组操作飞机所需要的信息。

飞行数据采集组件　flight data acquisition unit

　　飞机上用于采集飞机飞行参数和系统参数的设备。

飞行剖面　flight profile

又称任务剖面。飞机执行一次飞行任务整个过程的航迹图及其典型的各种特征量(如飞行速度、飞行重量、燃油量和余油量等)的描述,详细说明爬升、巡航和下降所执行的高度和速度。

飞行阶段　flight phase

根据飞机执行飞行任务中所要求的机动程度的不同而划分的各个阶段。如起飞、爬升、巡航、进场、着陆阶段等。

飞行时间　flight time

又称空中时间,即从收起落架起到放起落架止的这段时间。注:美国联邦航空条例(FAR1.1)把飞行时间定义为轮挡时间;而欧洲联合航空要求(JAR1.1)把飞行时间定义为空中时间。

飞行性能　flight performance

描述飞机质心运动规律的参数,如速度、高度、航程、航时、起飞、着陆和机动飞行等,主要涉及飞机质心的运动,属于一般力学的质点动力学研究范畴。

飞行模拟器　flight simulator

一种由计算机实时控制、多系统协调工作、能复现空中飞行环境,并能操作的模拟设备。通常有两类,一类称为训练用飞行模拟器,能对飞机的飞行性能和操纵品质进行较精确的动态模拟,用于训练飞行人员驾驶飞机和进行特殊情况处置;另一类称为工程研究用飞行模拟器,它是工程技术人员进行飞机设计及发展研究的一种试验设备。

复飞　go around,GA

飞机终止着陆程序重新拉起转入爬升的过程。

G

改出　recovery

从失控状态到可控飞行的过渡阶段。通常认为是从飞行员实施改出操作直到迎角已低于失速迎角或限制迎角,且没有明显的、非指令的剩余角运动那一点之间的操作阶段。

改装　modification

在不影响飞机本身功能的前提下,为实现特定目的而对飞机结构或系统进行的局部的改动。

J

局方　Administrator

在本书中,局方是指中国民用航空局(以下简称民航局)、民航地区管理局及其派出的审定机构。

机载测试系统   airborne data acquisition system, ADAS

装机用于飞行试验的测试系统。

架内改装   frame modification

在飞机设计或制造阶段进行的改装。

架外改装   external structure modification

飞机总装完成后,试飞期间进行的改装。

检飞   check flight

检查飞机是否符合规定状态的飞行。包括改装、排故、定检和大修后的最初飞行,以及用于确定飞机部件和系统是否符合相应规定的其他飞行。

K

"库珀-哈珀"评定标准

目前国际上飞行员广泛采用的飞行品质评定标准,根据飞行员的主观感受对飞机的飞行品质按 1 至 10 级进行打分,其结果可作为飞机设计的重要依据和试飞验证的重要参考。

P

配重   bob-weight

飞机的升降舵控制系统中的机械配重,提供低头力矩。也指为改变飞机重量而采用增减沙袋或水等进行的重量重心调整方式。

S

试飞大纲   flight test plan

实施飞行试验的纲领性技术文件,是编制试飞改装技术方案、试飞任务单等试飞文件和制订试飞有关各项技术指标的主要依据。

X

型号合格审定基础   Type Certification Basis

经型号合格审定委员会(Type Certification Board, TCB)确定,对某一民用航空产品进行型号合格审定所依据的标准。型号合格审定基础包括适用的适航规章、环境保护要求及专用条件、豁免和等效安全结论。

型号检查核准书   Type Inspection Authorization, TIA

型号合格审定审查组组长签发的,批准审查代表(含委任代表)对航空器原型机进行审定飞行试验前检查、现场目击或进行飞行试验的文件,明确了检查和审定飞行试验审查的具体要求。

Z

转场飞行   ferry flight

航空器将返回基地或飞往和飞离其他基地的飞行。

目　　录

1 绪　　论

1.1 引言

像鸟一样在天空自由飞翔,自古以来就是人类的梦想。1655 年,英国著名科学家罗伯特·胡克得出结论,人类的身体不可能驱动人造翅膀。自此,对于飞行的渴望驱使人们寻求外力的帮助。其中,飞机无疑是各类人造飞行器中最常见的一种。

自莱特兄弟的"飞行者 1 号"于 1903 年在美国北卡罗来纳州试飞成功以来,人类在利用飞机飞行的路上已走过了一百多年。一个多世纪以来,人类在飞机制造方面取得了巨大的成就,空气动力学、电子电气、自动控制、计算机和人工智能等学科的快速发展让飞机性能和功能突飞猛进,材料和工艺的进步让飞机全生命周期内的成本不断降低。现在,任何普通人都可以乘坐民航飞机去世界各地旅行。飞机的出现和快速发展给人们的出行带来了极大的便利,使时空观念发生了质的变化,人类的交往和商务活动就像居住在一个"地球村"上一样方便。

研制一架飞机,需要经过立项论证、初步设计、详细设计、试制、试验、试飞、批量生产(简称批产)等过程,每个环节都必不可少。其中,设计和试飞能力是飞机制造商核心能力的体现。近年来,各家制造商都在通过各种创新手段提高自己的试飞能力,美、欧等主要航空企业技术实力正在发生质的飞跃,以各种新技术和新的管理手段为支撑,试飞水平、效率成倍提高,主要表现在以下几个方面:

(1) 超前的适航理念。

(2) 先进的试飞技术。

(3) 强大的测试改装能力。

(4) 先进的试飞手段。

(5) 高效的试飞组织和管理。

(6) 全球试飞资源的整合能力。

我国自民用大飞机立项研制以来,一改"造不如买,买不如租"的观念,民机研制水平取得了长足进步。ARJ21 - 700 飞机作为我国首架完全按照适航规章试飞取证的喷气式支线客机,在理解适航理念、学习国际通用的适航程序、使用国际通用的试飞方法,并找到与之匹配的技术途径和管理模式上取得了很大的进步。本书依据 ARJ21 - 700 飞机试飞取证的经验,对民机验证试飞技术进行系统的阐述。

本章重点介绍适航规章和中国民用航空局(以下简称局方)文件中与民机试飞有关的基本概念、要求和规定。同时,以 ARJ21 - 700 飞机为主要案例,简要介绍国内外民机试飞技术发展现状。

1.2 飞行试验的目的、作用和意义

飞行试验是通过实际飞行的方式,获取飞机在真实使用环境下功能和性能数据的手段。民机飞行试验的目的一方面是通过所取得的数据对设计进行符合性评价,对是否达到预期的设计目标进行最严格、最真实和最全面的验证,为完善、改进和改型提供依据。另一方面是验证飞机是否满足适航规章的要求。试飞是飞机获得型号合格证(TC)和投入运营必经的重要阶段。

飞行试验是一项技术和管理水平高、投入高、风险高和周期长的复杂系统工程,是民用飞机制造商的核心能力体现。试飞周期在整个型号研制进度中占很大比例,直接影响飞机的交付节点。

1.3 适航法规和要求

型号合格证或型号设计批准书申请人应当表明其提交进行型号合格审定的飞机在申请之日有效适用的适航规章和环境保护要求以及民航总局适航部门制订的专用条件[1,5]。这些内容构成适航当局审定飞机的基础(以下简称审定基础),审定基础是飞机进入民用航空运输领域所需的最低安全标准。

按照适航法规,民用飞机制造商(亦称申请人)应进行必要的试飞,向适航当局表明飞机对已确定的审定基础的符合性,这种要求属于政府为保证公众安全,要求飞机制造商强制执行的内容。

1.3.1 适航规章

CCAR[①] - 21 - R3《民用航空产品和零部件合格审定规定》第 21.35 条对飞行试验规定如下:

(一)申请人应当进行本条第(二)项所列举的各种飞行试验,试验前申请人应当向局方表明:

1. 符合适航规章中有关的结构要求;

2. 完成了必要的地面检查和试验;

3. 航空器符合型号设计;

4. 申请人进行了必要的飞行试验,并提交了试验报告。

(二)在满足本条第(一)项的要求后,申请人应当进行局方规定的各项飞行试验,以便确定:

---

① CCAR: China Civil Aviation Regulations, 中国民航规章。本书中 CCAR 原文引用部分均用楷体表示。

1. 是否符合适航规章;

2. 对于按适航规章进行合格审定的航空器,是否能合理地确保航空器及其零部件和设备是可靠的且功能是正常的[1]。

CCAR-21 对民机飞行试验提出了总体和基本的要求,明确了飞行试验是一项必需的行为。

民用飞机除了按照 CCAR-21 部的相关要求开展飞行试验外,为证明飞机符合相关的适航标准,还应按照相应的适航标准进行飞行试验验证。以保证飞机满足进行飞行的安全标准和航线运营要求,对于 ARJ21-700 这类使用涡轮动力的运输类飞机而言,需要遵循的主要适航标准如下:

1) CCAR-25《运输类飞机适航标准》

CCAR-25《运输类飞机适航标准》主要定义飞机和系统在不同试验条件下的功能、性能指标和适航审查判据,申请人应使用包括试飞在内的各种符合性方法向适航当局表明所设计飞机的各项功能和性能满足适航标准的要求。

2) CCAR-26《运输类飞机的持续适航和安全改进规定》

CCAR-26《运输类飞机的持续适航和安全改进规定》是为支持运输类飞机的持续适航和安全改进制订的要求,包括实施评估、制订设计更改、编制持续适航文件等。

1.3.2　环境保护要求

为取得型号合格证或型号设计批准书,还需验证飞机满足环境保护要求。

1) CCAR-34《涡轮发动机飞机燃油排泄和排气排出物规定》

CCAR-34《涡轮发动机飞机燃油排泄和排气排出物规定》主要定义了飞机运营时的燃油排泄物和排气排出物的标准,申请人应使用试飞的方式向适航当局表明所设计飞机的燃油排泄和排气排出物的流量和成分均处于标准范围内。

2) CCAR-36《航空器型号和适航合格审定噪声规定》

CCAR-36《航空器型号和适航合格审定噪声规定》主要定义了飞机在起飞、飞越或进场时的噪声限制,申请人应使用试飞的方式向适航当局表明所设计飞机产生的噪声被控制在标准范围内。

1.3.3　专用技术条件及等效安全

对提交进行型号合格审定的民用航空产品,由于下述原因之一使得有关的适航规章没有包括适当的或足够的安全要求,由民航总局适航部门制订并颁发专用技术条件:

(1) 民用航空产品具有新颖或独特的设计特点。

(2) 民用航空产品的预期用途是非常规的。

(3) 从使用中的类似民用航空产品或具有类似设计特点的民用航空产品得到的经验表明,可能产生不安全状况。

专用条件具有与适用的适航规章等效的安全水平。ARJ21－700 飞机共有 6 个专用技术条件与试飞相关，涉及 9 个试飞科目。

ARJ21－700 飞机的验证试飞科目中，还有涉及一些等效安全条款，如为解决 CCAR25 部中不含专门针对 APU 的安全性条款的问题，参考动力装置的条款制订的等效安全条款，涉及 APU 的 11 个试飞科目。

1.3.4　适航程序和规则

民机应严格按照审查程序进行试飞工作。适航程序和规则是适航当局对申请人开展试飞的控制和管理措施，以确保开展试飞过程中试验人员资质的符合性、试验数据的有效性和试飞安全等。ARJ21－700 飞机试飞初期局方的相关程序和规则尚不完善，下面这些文件是在 ARJ21－700 飞机试飞审查过程中逐步建立起来并不断修改完善的。这些文件的颁布体现了中国适航审查能力的进步，为 ARJ21－700 飞机安全、有效和规范地验证试飞提供了重要保障。

（1）AP－21－AA－2011－03－R4《航空器型号合格审定程序》。

（2）AP－21－AA－2012－33《中国民航试飞员和试飞工程师的职责、程序和培训要求》。

（3）AP－21－AA－2012－31《飞机型号合格审定飞行试验安全计划》。

　……

1.3.5　咨询通告

涉及试飞的咨询通告数量较多，很多条款的咨询通告都与试飞有关，FAA 咨询通告体系庞大，如 AC 23－8、AC 25－7、AC 27－1 和 AC 29－2 等都为合格审定飞行试验提供了指南。在 ARJ21－700 飞机试飞开始时中国局方还没有专门指导试飞的咨询通告，CAAC 和申请人主要是参考美国联邦航空管理局（Federal Aviation Administration，FAA）的相关咨询通告开展试飞，下面列出的仅是 FAA 几个主要与试飞有关的咨询通告。

1）AC－25－7《运输类飞机合格审定飞行试验指南》

FAA 基于适航审定经验，为美国联邦航空条例（FAR）中 FAR 25 的相关条款的符合性提供可接受的验证方法。

2）AC－25－9《烟雾探测、渗透和环境试验以及相关飞行手册应急程序》

FAA 对飞机进行烟雾探测和渗透试验所提出的验证方法，以及在验证过程中应注意的事项。

3）AC－20－124《涡轮发动机飞机溅水试验》

FAA 对使用涡轮发动机的飞机溅水试验所提出的验证方法，以及在验证过程中应注意的事项。

咨询通告虽不属于法令性文件，也没有强制约束力。但却是适航当局和申请人在多个型号试飞过程中总结的行之有效和成熟的方法。方法未必先进，但却是可行的,也是被局方认可的。咨询通告在为审查员提供审查参考的同时,也为申请人顺利开展相关科目的飞行试验提供了有效的技术指导。同时,还为审查方和申请方开展审查活动提供了便利,在提高审查效率的同时也提高了试飞效率。

由于我们的民机试飞经验不足,咨询通告在 ARJ21 - 700 飞机试飞活动中起着十分重要的作用,随着试飞进程的深入越来越得到了局方和申请人的重视。为了对咨询通告的内容更好地理解,为了审查方和申请方能在同一个标准下沟通,ARJ21 - 700 飞机试飞团队在局方的指导下还翻译出版了《运输类飞机合格审定飞行试验指南》(AC - 25 - 7C)[2]。

以 AC - 25 - 7C 为代表的 FAA 咨询通告体系为 ARJ21 - 700 飞机审定试飞提供了大量的具有很高参考价值的试飞方法,同时为申请人与审查方的沟通提供了共同语言。通过 ARJ21 - 700 飞机的试飞审查活动,中国民用航空局(Civil Aviation Administration of China, CAAC)也意识到咨询通告的作用,陆续颁布了一些与试飞相关的咨询通告,如《ARJ21 - 700 飞机合格审定指南》(AC - ARJ21 - 05)、航空器型号与适航合格审定噪声规定(AC - 36 - AA - 2008 - 04)、机载系统和设备合格审定中的软件审查方法(AC - 21 - 02)等。考虑到一些咨询通告可能存在着局限性和不完善的地方,CAAC 限定了部分咨询通告的应用范围,编号中间加了"ARJ21"型号的编号。

1.4 飞行试验的特点和分类

1.4.1 飞行试验一般特点

在 1.2 节中已叙述了飞行试验的相关特点:水平高、投入高、风险高和周期长。为了更好地理解飞行试验,以便更有效、更安全地开展飞行试验,有必要进一步阐述飞行试验的主要特点。

1) 复杂程度高

为满足用户对民用航空器在经济性、舒适性、安全性和环保性等方面不断增长的要求,航空企业不断地采用新技术、新材料和新工艺,并进行各系统的高度集成,试飞需要在各种真实环境条件下对飞机和各系统的功能、性能以及系统间的相互影响进行综合测试和评价,使试飞活动变得越来越复杂。

波音(Boeing)公司的 B787 飞机大量采用复合材料。采用新型发动机并大量使用电力驱动等新技术,实现了飞机的大幅度减重、降低环境噪声和减少飞机油耗。但同时由于飞机技术复杂性的提高,增加了试飞的技术难度,导致原来 9 个月的试飞计划,延长至 20 个月,实际试飞时间从计划的 3 100 小时激增至逾 4 800 小时。

2) 周期长、费用高

早期的民机试飞周期一般不超过一年,比较典型的两个型号飞机 B737 和

A320 都是 10 个月,即使当时最大的 B747 试飞时间也不过 11 个月。目前,国外运输类飞机的整个试飞过程要进行 3 000～6 000 小时的飞行,周期约为 15～25 个月,是整个飞机研制周期的 1/4～1/2,试飞所需的费用约占整个型号研制经费的 10%～20%。随着飞机复杂程度的增加及验证要求的提高,试飞任务量和周期一直呈不断增加趋势。当代比较典型的两个型号飞机 B787 和 A380 试飞周期刚好都是 20 个月,即使像 ARJ21 - 700 飞机同一等级的支线机 CRJ - 900 和 SSJ - 100 试飞周期也分别为 19 和 33 个月,ARJ21 - 700 飞机的试飞周期更是达到了 73 个月。不断增加的试飞周期必然会带来更高的费用,研究民机试飞技术和规律,有效压缩试飞周期是所有制造商面临的共同课题。

3) 法规性

按照适航法规,飞机制造商(亦称申请人)应进行必要的试飞,向适航当局表明飞机满足进入民用航空运输领域所需的最低安全标准。这种要求属于政府为保证公众安全,要求飞机制造商强制执行的内容。在美国,联邦航空条例(FAR)属于联邦法典第 14 部中的一部分。我国由全国人大颁布的航空法律只有一部《中华人民共和国航空法》,航空法中的一些章节与试飞相关,前面谈到的 CCAR - 21、CCAR - 25、CCAR - 36 部等规章虽然不是法律,只是行业标准,但是它们均具有强制性的约束力,是必须遵守的。

根据统计,约 1/5 的适航条款需要通过试飞验证来表明其符合性。适航法规呈现一种"冰山理论"的特性(见图 1 - 1),存在可见的和隐藏的两部分内容。适航当局还会根据民机运营过程中的故障征候、故障和事故,对适航法规不断地进行补充和修改。因此,适航法规也会像冰山一样不断增大,相应的,需要飞行验证的内

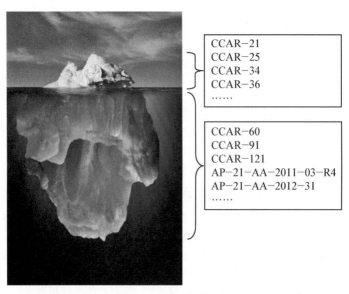

图 1 - 1 冰 山 组 织

容和范围也在不断变化,并呈增加趋势。

如环球航空 800 号班机(TWA800),于 1996 年 7 月 17 日从纽约肯尼迪国际机场起飞,预定抵达巴黎戴高乐机场。飞机是 B747 - 100 型,起飞后不久便在纽约长岛上空爆炸,造成机上人员 230 人全部罹难[3]。

事故主要是由于静电火花点燃油箱内燃油蒸气引起的,为此 FAA 于 2008 年 7 月 21 日正式发布了"降低运输类飞机燃油箱可燃性"最终政策,并对 FAR 25 提出了第 125 号修正案。该修正案在 FAR 25 的第 102 修正案关于点火源防护要求的基础上强化了对燃油箱内可燃环境的控制,从根本上解决了燃油箱防爆的安全问题。

4) 安全风险高

飞机作为一个在空中运行的交通工具,一旦出现严重的故障可能危及机上和地面人员的生命,其结果将是灾难性的。飞机作为一个庞大的系统,在试飞初期,状态不稳定,同时故障率相对较高,试飞的安全问题尤为突出;一些试飞科目需要验证飞机在故障或系统失效或部分失效状态下(如舵面卡阻、液压系统失效试飞等)的功能和特性,还有一些试飞验证是飞机在包线边界附近甚至超出设计包线之外进行,这些科目的执行给试飞安全带来了较大的压力。

一个典型的事例如下,2011 年 4 月 2 日湾流宇航公司一架 G650 型试飞机(编号 N652GD)在试飞时坠毁,机上 4 名机组成员全部遇难。当时该机正在模拟一侧引擎故障情况下的起飞过程,起飞时右机翼外侧出现失速[4]。

ARJ21 - 700 飞机试飞过程中适航当局和申请人对试飞安全进行严密的管控,保证了在 6 年多的试飞过程中的零事故。纵观飞机发展史,试飞中发生的各种事故始终提醒我们:试飞安全永远在路上。

1.4.2 飞行试验分类

民用飞机试飞的分类目前尚无权威的专门定义,一些名称出现在局方的不同文件中,同一种试飞有时也会存在不同的名称。从局方审查角度来看民机试飞只有大两类:申请人飞行试验(applicant's flight tests)和审定飞行试验(certification flight tests)[5]。

为了区分是否用于获得型号符合性数据,申请人飞行试验按目的不同可以人为分为研发试飞和表明符合性试飞。审定试飞根据组织形式不同也有两种组织模式,更多的是局方仅为核查申请人提交的数据开展的审定试飞,另一种是"同时作为申请人飞行试验和审定飞行试验的那些飞行试验称为并行试飞(concurrent testing)。"[5,6]

1.4.2.1 申请人飞行试验

如前所述,为后续叙述的方便,本书按不同的试飞目的,将申请人飞行试验细分为表明符合性试飞和研发试飞。

CAAC 颁发的《航空器型号合格审定程序(AP - 21 - AA - 2011 - 03 - R4)》的 4.5.1.4 节对申请人飞行试验这样描述:"申请人实施(飞行①)试验和检查是为了表明提交给审查方进行地面和飞行试验的产品满足最低的质量要求、符合型号设计、对计划的试验是安全的。申请人要把这类试验得到的数据资料报告给审查方,供审查代表对其进行可接受性评审。"[6]此处谈到的申请人飞行试验是指申请人用于表明型号对设计和规章的符合性试飞。另外,申请人飞行试验和研发试飞在《民用航空产品和零部件合格审定规定(CCAR - 21)》中亦有提及,(CCAR - 21)第 21.35 条第(一)款(4)所规定的申请人飞行试验报告应当详细给出申请人研发飞行试验的结果,完成这些飞行试验的目的是为了表明对适用规章的符合性[6]。这里说的"研发试飞"是指表明符合性试飞,局方文件通常也会用"申请人试飞"来描述。

为了区分表明符合性试飞,本书后续谈到的"研发试飞"特指申请人为了以扩展飞机包线、系统/设备调参、排故、系统功能检查、为相关产品及系统研发提供飞行数据支持为目的的试飞。这些飞行活动获得的数据不用于表明型号符合性,与审查活动也没有直接关系。

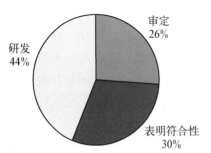

图 1 - 2　各种类型试飞比例(按架次)

ARJ21 - 700 飞机作为中国第一款民用涡扇飞机,由于设计技术、试飞技术、试飞管理和适航管理水平等多方面的因素,致使研发试飞占总的试飞任务比重过大(见图 1 - 2)。

1.4.2.2　审定飞行试验

AP - 21 - AA - 2011 - 03 - R4 的 4.5.1.14 节明确规定:"审定飞行试验用于核查申请人所提交的飞行试验数据,对于与申请人共同开展的并行飞行试验,从该飞行试验获取符合性验证的数据资料。审定飞行试验用来评估航空器的性能、飞行操纵、操纵品质和设备的工作情况,并确定使用限制、操作程序和提供给飞行员的信息。审定飞行试验必须依据型号检查核准书(TIA)来进行。"[6]审定试飞也经常称为局方试飞(the FAA's official flight test)[7],本书统称为审定试飞。

AP - 21 - AA - 2011 - 03 - R4 中关于审定飞行试验的定义有以下几层意思:

(1) 审定飞行试验是飞机型号合格审查组(TCT)的职责。

(2) 审定飞行试验的目的是用于核查申请人所提交的飞行试验数据,其中并行飞行试验直接获取符合性验证的数据资料。

(3) 审定飞行试验的作用是用来评估航空器的性能、飞行操纵、操纵品质和设备的工作情况,并确定使用限制、操作程序和提供给飞行员的信息。

(4) 审定飞行试验要在取得 TIA 之后才能开展。

---

① 编者注。

1.4.2.3 并行试飞

同时作为申请人表明符合性试飞和审定试飞的那些试飞称为并行试飞。并行试飞仍然可以理解为审定试飞,只不过该审定试飞不是"核查申请人所提交的飞行试验数据",也就是不以申请人表明符合性试飞为前提,而是直接开展。

虽然 FAA 在实际审查中很早就开始采用并行试飞这种组织形式,但是在 FAA 的 ORDER 8110.4C 2005 版中并没有相关的内容,直到 ORDER 8110.4C 2007 版才明确了这种模式[5]。随着民用飞机的复杂程度和适航验证要求的增加,验证试飞的任务量已经从 20 世纪 60 年代的一年以内的周期和 1 000 多飞行小时激增到目前将近两年的周期和 5 000 小时左右。如此大的任务量和越来越长的周期给申请人带来了极大的负担。局方之所以增加了这种组织形式,主要是在保证飞行试验安全的前提下考虑减轻申请人的负担。"并行试飞的典型例子包括一些低风险的项目,如电子设备安装等,因为此类飞行试验很可能成功地表明符合性。此外,并行试飞还可能包括但不限于最小离地速度(V_{mu})、地面最小操纵速度(V_{mcg})、空中最小操纵速度(V_{mca})、最大刹车能量和湿跑道飞行试验,这些试验本身特征是不可重复的……"[6]

并行试飞的飞行试验性质没有变化,只是组织形式的不同,但可以同时完成审定试飞和表明符合性试飞,同时获得局方和申请人的两套数据。

并行试飞在可以显著降低申请人负担和试飞周期的同时,由于申请人的符合性数据和审查组的验证数据为同一个来源,更便于双方对试飞数据的沟通和理解,大大加快审查进度,减少讨论和研究环节。从这一点来看并行试飞这种形式在降低申请人负担的同时,也会有效地降低审查方的负担。作为申请人在审查初期应该及早提出并行试飞科目的建议,供审查方参考。

在 ARJ21-700 飞机试飞审查中 CAAC 也采取了一定量的并行试飞,约占整个审定试飞科目的 26%。但由于申请方和审查方在这方面的经验不足,而且是在进入 TIA 的时候才开始讨论并行试飞科目,因此时间上略显仓促,尺度的掌握上有些保守。

1.4.2.4 航空器评审组的试飞

航空器评审组(简称 AEG)的试飞是指为证明飞机进入航线运营的运行符合性、获得机组型别等级和训练要求以及主最低设备清单等评审所需的试验数据为目的而进行的试飞,主要包括运行符合性试飞(结合功能和可靠性试飞)和主最低设备清单(MMEL)试飞等内容。

1.5 试飞阶段

对于运输类飞机,试飞工作可根据不同阶段的工作特点分为试飞规划、明确需求、飞行试验设计、试验飞机改装、首飞准备和试飞实施等 6 个阶段。由于各方面条件的变化和规划的预见性使得最初确定的试飞任务和计划不可能完全覆盖后续的变化,因此在实际执行时各个阶段会有大量的并行、重叠和交叉。具体的阶段如图 1-3 所示。

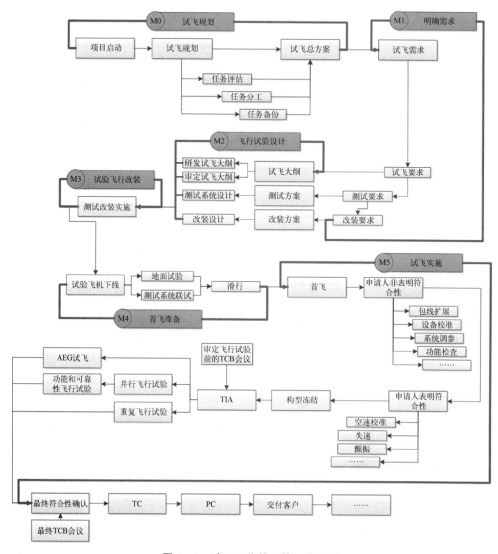

图 1-3　试飞工作的总体工作流程

　　图 1-4 给出了 FAA Order8110.4C 2-6,a 中的"型号合格审定过程以及计划实施阶段"[5]。

　　图 1-4 是从审查方角度提出的审定流程和要求,仅规定了与审查活动相关的流程和阶段,并不会对申请人独立的活动和试飞提出要求。所以,图中不会出现图 1-3 中的"试飞规划"和"首飞准备"阶段相关内容。图中的阶段从中间型号合格审定委员会(TCB)会议开始,从试飞的角度来看是从表明符合性试飞开始,到功能可靠性试飞完成结束,最终的形式是完成型号检查报告(TIR)。图中的审查活动共分3 个阶段:符合性数据产生、符合性验证和符合性确认,每个阶段仅列出了审查方

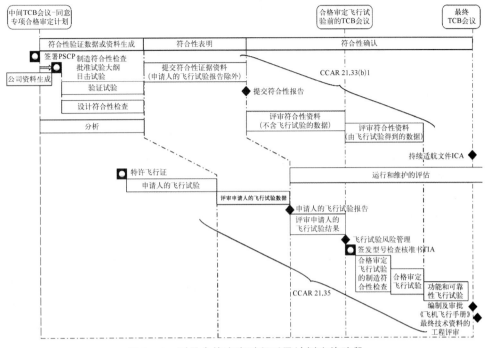

图 1-4　型号合格审定过程以及计划实施阶段

的主要活动。作为申请人还有更多的工作需要依据试飞总方案中确定的任务去完成。

1.5.1　试飞规划阶段

作为一项复杂的系统工程,试飞中的大量工作都是相互关联和影响的,试飞规划阶段是对各工作项进行梳理和规划的过程(见图 1-5)。

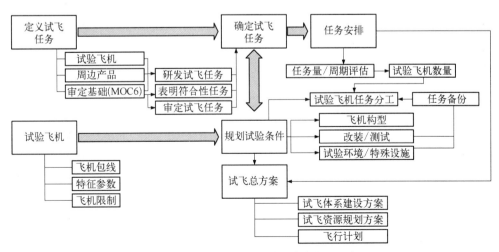

图 1-5　试飞规划工作流程

试飞规划阶段需要确定通过试飞验证的条款以及基于此的总任务量、投入试飞的飞机数量、各架飞机的主要功能和任务分工、相互备份安排、试飞资源需求（包括机务、场务、机场、监控、试飞技术人员）等内容，同时明确各参与试飞活动单位之间的任务界面和分工等。

此阶段的主要工作成果是型号试飞总方案。

"试飞总方案是型号试飞的纲领性文件，是指导和安排整个试飞工作的基本依据。试飞总方案应该包括：试飞目的、试飞对象、试飞依据、试飞内容、试飞方法、试飞安全、试飞测试和数据处理、试飞组织管理、试飞计划以及试飞保障等。"[8]

ARJ21－700 飞机在试飞规划阶段也制订了试飞总方案。但是由于经验、储备、认识和多方面的不足，早期版本的试飞总方案针对性和指导性明显不足，后续根据试飞实践中暴露的问题多次对方案进行修订和完善，修订后的方案对试飞活动起到了一定的指导作用。ARJ21－700 飞机的试飞实践表明，试飞总方案制订的针对性、预见性和可行性对后续试飞任务能否顺利执行至关重要。

ARJ21 项目有两个典型的事例能够说明试飞总方案的重要性。一是，最初的试飞总方案仅规划了 3 架试飞验证机，明显与国际上 5～6 架试飞验证机的数量相差较大，而且后投入的 104 架飞机飞行时间却是最多的（1 493 小时）。104 架机是最后一架试飞机，构型更接近 TC 构型，有些原来规划在其他 3 架飞机上执行的科目，由于构型不能满足要求，不得不转移到 104 架机上执行。104 架机不仅是飞行小时最多的试飞机，也是执行审定试飞任务最多的试飞机。遗憾的是，由于 104 架机晚于 101 架机将近 19 个月的时间投入试飞，对整个试飞周期的影响很大；二是，直到取证前一年左右才认识到由于试飞机构型与 TC 构型的差异，有些试飞科目（如功能可靠性等）在 4 架试飞机上均无法执行，批生产的第一架机 105 架机最终不得不承担了部分验证试飞科目，105 架机飞行了 120 架次、209 小时。批生产飞机参与少量的试飞任务在国际上本是通行的做法，但我们认识到这一点较晚，由于这件事涉及申请型号合格证（TC）和生产许可审定（PC）两个审查组，带来了比较复杂的程序上问题，申请人和局方都准备不足，在 105 架机投入试飞这个问题上协调了很久。

1.5.1.1 试飞任务确定

1) 研发试飞

研发试飞任务属于申请人自行组织和安排的试飞行为。研发试飞任务的来源比较多，主要是设计方和供应商的需求，包括模拟器生产商的需求，试飞单位对于不熟悉的审定试飞科目也会先期开展一些研发试飞，确保审定试飞的成功。同时，对于一些高风险的科目，一般会采取逐步逼近的试飞方法，以确保飞行安全。如 V_{mcg}、失速等。

研发试飞虽然不需要依据局方批准的审定试飞大纲开展，但是申请人在编写研发试飞大纲时通常会参考审定试飞大纲。主要目的是在实现研发试飞目的的同时，提前得到一些表明符合性和审定试飞科目的数据，在摸索这些科目试飞方法的同时也可以提前暴露问题,以使后续表明符合性试飞和审定试飞进展顺利。

前面谈到研发试飞来源比较多,也很难确定一个统一的任务确定流程,每个公司和同一个公司不同的型号研发试飞的任务量相差也很大。虽然不能给出一个标准的研发试飞任务确定流程,但能够知道的是研发试飞的任务量与产品的复杂程度和新技术采用量正相关,与设计技术水平和试飞技术水平负相关。另外,研发试飞还与确定的审定基础有关,审定基础要求的高和全必然使研发试飞更多地去探索新的试飞技术和方法。最后,研发试飞还与主制造商和供应商的工作分工相关,供应商自身工作完成得比较彻底就会很少依赖主制造商的研发试飞数据。

2) 表明符合性试飞和审定试飞

由于表明符合性试飞和审定试飞都是表明对审定基础符合性的目的,且试飞程序相近,因此本章把两者任务的确定放在一起说明。

定义和确定表明符合性试飞和审定试飞任务的流程为:

(1) 申请人与适航当局型号审查组(以下简称审查组)根据飞机设计特点和目前现行适航规章以及相关的规范或专用条件,确定审定基础。审定基础主要包括适用的适航标准(如 CCAR - 21、CCAR - 25)、环境保护要求(如 CCAR - 34、CCAR - 36)、针对某些新颖或者独特的设计而补充的专用技术条件、等效安全和豁免等内容。

(2) AEG 试飞任务需要按照相关的运行规章要求(如 CCAR - 91、CCAR - 121、CCAR - 135)确定审定基础。

(3) 根据审定基础,申请人与审查组就具体的审定方式和内容进行讨论,并确定各系统审定计划(CP),审定计划中明确各系统或专业适用的适航条款、符合性方法等内容。

(4) 审定计划中需要用试飞验证的内容(MOC6 方法),将作为编制试飞要求和审定试飞大纲的输入,用来定义和确定试飞任务。审定试飞大纲中包括了试飞内容、试飞方法和结果判据、构型要求、测试改装和环境要求等,指导表明符合性试飞和审定试飞。相关流程如图 1-6 所示。

1.5.1.2　任务安排

任务安排是开展后续各项试飞工作的主要依据。相关流程如下:

(1) 根据型号设计的技术特点和所适用的适航规章,初步确定飞行试验验证内容。

(2) 对比国际或本公司的同类机型的历史试飞情况和今后试飞发展趋势,对试飞任务量进行基本评估。

(3) 根据试飞任务量和项目研制网络计划中试飞相关的关键时间节点,确定相关资源配备和试飞机数量。

(4) 根据试飞机数量、各架试飞机特点和试飞一般规律,同时依据测试改装安排、机场和气象条件等需求合并的原则,进行试飞任务分工,明确各架试飞机所承

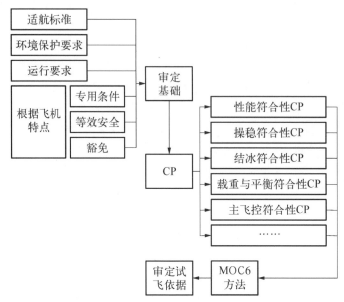

图 1-6 定义和确定审定试飞任务流程

担的主要试飞内容。

（5）根据试飞任务分工内容，形成初步的测试和改装规划，并充分考虑基本的改装项目和各架机之间的备份需求。

1.5.2 飞行试验设计阶段

飞行试验设计是形成试飞要求、试飞大纲、风险评估单、测试和改装方案等一系列试飞技术文件的设计过程。

试飞要求作为开展具体试飞工作的技术基础，由飞机设计方根据型号研制的需要和适航验证的要求向试飞实施承担方提出，并据此开展试飞大纲等后续飞行试验设计工作。飞行试验设计工作的主要任务是确定试飞科目的名称、目的、条件（机场、环境及其他特殊要求）、方法、测试参数及获取方式、改装要求、构型要求、结果要求及可接受判据、风险等级等内容，并形成每架试飞机的测试系统构建方案。

ARJ21-700 飞机编制了第 1 阶段和第 2 阶段研发试飞大纲、33 份型号合格审定试飞大纲和 1 份运行符合性试飞大纲。

根据 ARJ21-700 飞机审定试飞大纲的要求，申请人申请型号合格证（TC）前需完成表明符合性试飞科目 285 个，表明符合性试验点 1 648 个；按照 TIA 的规定，审定试飞科目 243 个，审定试飞试验点 1 301 个。

1.5.3 试验飞机改装阶段

试验飞机改装阶段是指飞机制造单位和试飞单位根据改装图纸进行改装实施工作的阶段。

　　改装分两个阶段,第一个阶段是架内改装,架内改装是飞机零部件在制造阶段按照设计方的试飞机图纸实施,这部分图纸已包含改装的内容,这部分工作在飞机总装结束前完成;第二个阶段是架外改装,架外改装是在飞机总装结束后按照试飞承担方的改装图纸实施,这个阶段可能会一直持续到飞行试验结束(见图1-7~图1-9)。

图 1-7　ARJ21-700 飞机 101 架机在总装车间进行架内改装

图 1-8　A350 飞机在总装车间进行架内改装

　　由于测试改装工作中存在规划不合理、预见性不足及试飞计划不协调等问题,ARJ21项目的改装工作几乎一直持续到全部飞行试验结束。改装工作占用了大量的试飞时间,据统计4架试飞机测试改装和重量重心调整两项工作占用的天数合计约22个月。

图 1 - 9　ARJ21 - 700 飞机 101 架机在机库进行架外改装

1.5.4　首飞准备阶段

首飞准备阶段是指首架试验飞机离开总装车间到首飞前的时间段。此阶段主要进行地面试验、测试系统联试和地面滑行等工作。图 1 - 10 为 ARJ21 - 700 飞机总装下线。

首飞虽然名义上只是一个时间点，但为此开展的工作量却是巨大的，而且这些工作开展的好坏直接关系到后续的试飞进行得是否顺利。首飞在西方航空企业一般不会单独作为一个阶段来看待，但在中国把首飞当作一个阶段来看待符合目前民机型号研制的实际情况。

图 1 - 10　ARJ21 - 700 飞机总装下线

1.5.5　试飞实施阶段

试飞实施阶段的主要工作流程如图 1 - 11 所示。

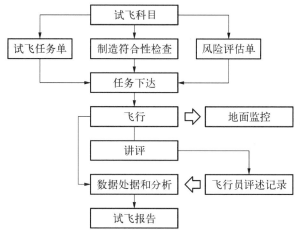

图 1 - 11　试飞实施工作流程

　　试飞实施阶段是民机型号试飞工作中重要的也是周期最长的阶段。试飞实施阶段在完成研发试飞任务的同时还要完成审定试飞大纲中要求的所有试飞科目，具体的要求在后面的相关章节会有详细的介绍。

　　ARJ21 - 700 飞机从 101 架机 2008 年 11 月 28 日首飞到 2014 年 12 月 30 日取得 TC 证的试飞实施阶段（日历时间）为 73 个月，把每架机首飞至取证的实际时间累加，5 架机总的试飞时间为 264 个月。本章 1.6 节会将这些数据与同时期的国外同类机型数据进行对比。

1.6　国内外试飞情况简介

　　限于本书的篇幅在此无法对每个单项试飞技术和每个试飞科目的技术水平进行一一比较，但我们可以从试飞周期的对比来从一个侧面看国内外试飞技术和管理水平的差距。

1.6.1　国内情况

　　国内涡扇飞机目前只有 ARJ21 一个项目走完了试飞取证的全过程，在此我们列举一些 ARJ21 - 700 飞机的主要试飞数据，以便后面进行对比分析。

　　ARJ21 - 700 飞机取得 TC 证之前共飞行了 2 942 架次，5 258 小时。其中，研发试飞 1 288 架次，表明符合性试飞 893 架次，审定试飞 761 架次。

1.6.2　与国外情况对比

1) 与国际上几个相近机型的对比

我们选取了国际上 2000 年以后取得 TC 证的 4 种运输类飞机 B787、CRJ -

900、SSJ-100 和 A380 与 ARJ21-700 飞机进行对比。

ARJ21-700 飞机与这 4 种机型的首飞时间、初次颁发 TIA 的时间和取证时间以及试飞周期如表 1-1 所示。

表 1-1　各机型试飞周期

序　号	飞　机	首飞时间	初次颁发 TIA 时间	取证时间	试飞周期/月
1	ARJ21-700	2008.11.28	2012.02.14	2014.12.28	73
2	B787	2009.12.15[9]	2010.02.11[10]	2011.08.16	20
3	CRJ-900	2001.02.21[11]	2001.04[12]	2002.09.09[13]	19
4	SSJ-100	2008.05.19[14]	2010.07[15]	2011.02.03[16]	33
5	A380	2005.04.27[17]	2005.06[17]	2006.12.12[17]	20

从表 1-1 中可以看出，ARJ21-700、B787、CRJ900、SSJ-100、A380 飞机从首飞到初次颁发 TIA 的时间分别是 39 个月、2 个月、2 个月、26 个月、2 个月，试飞周期分别为 73 个月、20 个月、19 个月、33 个月、20 个月。对比情况如图 1-12 所示。

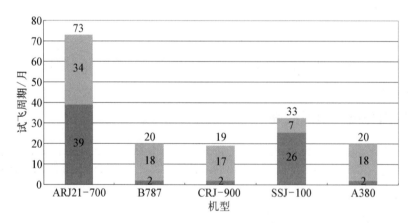

图 1-12　各机型试飞周期

从首飞至取证的时间来看，ARJ21-700 飞机远超同时期的其他机型。ARJ21-700 飞机的试飞周期为 73 个月，分别是 B787、CRJ-900、SSJ-100、A380 飞机的 3.7、3.8、2.2、3.7 倍。首飞至初次颁发 TIA 的时间分别是另外 4 种机型的 19.5、19.5、1.5、19.5 倍。

从飞行小时数来看，ARJ21-700 飞机的审定试飞小时数与其他 4 种机型相差不大，总飞行小时数却相差很大，ARJ21-700 飞机分别是另外 4 种机型的 1.1、

2.8、1.9、2 倍,如表 1-2 所示。

表 1-2 各机型飞机飞行小时数

序 号	飞 机	总飞行小时数/h	审定试飞/h
1	ARJ21-700	5 258	1 141
2	B787	4 800[9]	1 696[9]
3	CRJ-900	1 900[11]	900[11]
4	SSJ-100	2 834[14]	1 134[14]
5	A380	2 600[17]	1 400[17]

从上述对比可以看出,无论是试飞周期还是飞行小时数,ARJ21-700 飞机都远超同期其他机型。下面以 B787 飞机为参考对象,对两者的试飞情况进行更详细的对比。

2) 与 B787 的详细对比

(1) 试飞周期。

B787 与 ARJ21-700 飞机均为全新型号,飞行总时间也最为接近。ARJ21-700 飞机从首飞到取证的试飞周期(日历时间)为 73 个月,把每架机首飞至取证的实际时间累加,5 架机总的试飞时间为 264 个月。B787 飞机共 6 架试飞机,对应时间分别为 20 个月和 104 个月。两个型号试飞机投入试飞时间如表 1-3 所示。

表 1-3 各架试飞机投入时间对比

ARJ21-700		B787	
试飞机代号及投入时间	投入月数	试飞机代号及投入时间	投入月数
101：2008.11.28	73	ZA001：2009.12.15	21
102：2009.07.01	66	ZA002：2009.12.22	21
103：2009.09.12	63	ZA003：2010.03.15	18
104：2010.04.13	56	ZA004：2010.02.24	19
105：2014.06.18	6	ZA005：2010.06.16	15
		ZA006：2010.10.04	10
总 计	264	总 计	104

(2) 试飞任务量。

B787 飞机和 ARJ21-700 飞机同属于运输类飞机,分别适用于 CCAR-25 部和 FAR-25 部,审定基础相近。B787 飞机采用了大量新技术,属于首架多电民用客机,申请审查的时间较晚,适用的适航规章修正案和专用技术条件更多。而 ARJ21-700 飞机是中国首个按照 CCAR-25 部取证的喷气式民用飞机,局方审定试飞选取的审定任务量较大。虽然两者的任务量无法量化比较,但是考虑到两个型号的飞行试验总时间相差不大,分别是 4 800 小时和 5 258 小时,在下面的分析中,我们假设两个型号的任务量相当。

(3) 试飞强度。

ARJ21-700 飞机按架次计算的月试飞强度低于 B787 飞机,具体情况如图 1-13 所示。

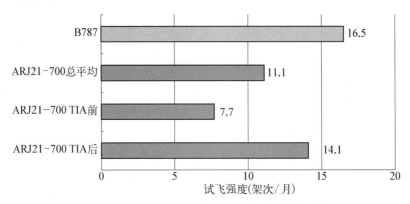

图 1-13　ARJ21-700 与 B787 月试飞强度对比

月试飞强度不仅能够直接反映试飞的组织管理能力和飞机的技术成熟度,而且从一个侧面体现试飞技术水平。从图 1-13 可以看出,进入 TIA 后,ARJ21-700 飞机状态开始稳定,经过前期的试飞实践,试飞组织管理能力、试飞技术水平和经验也在逐步提高,TIA 后的试飞强度已经与 B787 比较接近。但在整个试飞周期中,B787 的试飞强度是 ARJ21-700 的两倍多,这也是国内外民机试飞能力和飞机技术成熟度的客观反映。

ARJ21-700 与 B787 这两个型号的飞机对两家公司都是巨大的挑战,且任务量接近,两者总飞行小时也比较接近。但两者试飞机队试飞的总时间分别为 264 个月和 104 个月,相差了 160 个月。

从上述对比可以看出,ARJ21-700 飞机除总飞行小时数比 B787(动力装置两种构型)略多,其他数据都明显高于同期其他机型。

影响试飞周期和试飞强度的因素是多方面的,并非是由技术单一因素决定的。宏观上涉及民机产业体系的成熟度,如产业链的完善程度、空域管制体系合理性、适航体系的完善程度和资源配置水平等。具体到试飞管理水平、试飞技术水平、供应商的管控能力、适航程序的认知水平、构型控制水平等。我们曾经对 ARJ21-700 飞机的试飞周期影响因素进行过分析,为便于找出可以改进的地方,将这些因素人为地分成技术因素、管理因素、客观因素 3 大类和 12 个子因素,其对试飞周期的影响的占比情况如图 1-14 所示。

分析的结论是,技术因素是影响 ARJ21-700 飞机试飞周期的主要因素,这些数据能够比较直观地反映出国家之间航空产业水平的差距,也从一个侧面反映了试飞技术水平的差距。

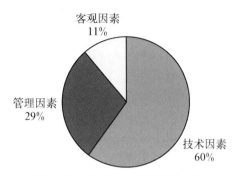

图1-14 三方面因素的影响占比

中国民用涡扇飞机研制历史从2002年ARJ21项目立项算起到2014年取证仅14年的历史。波音公司从1950开始开发第一款民用喷气飞机B707(原型机代号B367-80)到2014年已经有64年的民用喷气飞机研制历史了。从1967年9月(空客公司成立于1970年12月)英国、法国和德国政府签署一个谅解备忘录,开始空中客车A300的研制工作算起到2014年,空客的研制历史也有47年历史。

从历史上看,很显然中国的民机研制还处于刚起步阶段,而西方航空业巨头已经建立了完善的民机研制产业链和技术体系。中国民机试飞体系从ARJ21项目开始到取证走完了一个从无到有的过程,在取得了大量的宝贵经验的同时,也经历了无数的困难和坎坷。通过ARJ21项目的验证试飞过程,中国民用飞机的试飞理念、管理和技术等方面都有了长足的进步。今天ARJ21-700飞机虽然已经取得型号合格证,并已经有三架飞机投入商业运营,但我们必须看到中国民机试飞体系只是初步建立,而且仍然不够完善,今后还需进行更多的探索和实践。

参考文献

[1] CAAC.民用航空产品和零部件合格审定规定(CCAR-21-R3)[S]. 2007.

[2] 修忠信,由立岩,等. 运输类飞机合格审定飞行试验指南[M]. 上海:上海交通大学出版社,2013.

[3] 百度. 环球航空公司800号班机空难(1996年空难)[EB/OL].百度百科.

[4] 合肥航联文化传播有限公司[EB/OL].民航资源网,2011.

[5] FAA. TYPE CERTIFICATION(ORDER 8110.4C)[S]. 2007.

[6] CAAC. 航空器型号合格审定程序(AP-21-AA-2011-03-R4)[S]. 2011.

[7] FAA. FAR 21 CERTIFICATION PROCEDURES FOR PRODUCTS AND PARTS [S]. 2003.

[8] 周自全.飞行试验工程[M].北京:航空工业出版社,2010.

[9] 钱锟.波音787飞行试验项目总结和回顾[J].国际航空,2011(07):66-69.

[10] 美国联邦航空局(Federal Aviation Administration,简称"FAA")近日批准了波音公司(Boeing Co.)的扩展机型检查授权(TIA)[EB/OL].民航资源网,2010.4.22.

[11] CRJ-900系列飞机[EB/OL].维基百科全书.

[12] The Bombardier Flight Test Center NEWS [N]. 2001.4.

[13] 王维瀚.民用飞机飞行试验的特点[J].民用飞机设计与研究,2006(2):1-10.

[14] 维基百科.苏霍伊超级喷气机-100[EB/OL].维基百科全书.

［15］　Jane's Information Group. Jane's All the World's Aircraft ［M］. 2000 - 2001.

［16］　Jane's Information Group. Jane's All the World's Aircraft ［M］. 2010 - 2011.

［17］　百度. A380 飞机［EB/OL］. 百度百科.

2 试飞总体规划

如前章所述,飞行试验作为一项极为复杂的系统工程,所涉及的要素都是相互关联的,试飞工作的第一项任务就是对整个型号的试飞任务进行顶层、全局性的规划,规划成果汇总形成型号试飞总方案。该方案是后续开展型号试飞工作的顶层依据,这项工作的针对性、预见性和可行性对后续试飞任务能否顺利执行至关重要。

试飞规划工作的基础是其他型号试飞经验以及初步试飞需求,包括型号设计方案、适航法规要求、试飞验证要求等。首先,依此对型号试飞任务量、试飞机数量、试飞机任务分工、试飞周期及里程碑节点等进行分析评估;其次,还应提出确保型号试飞工作所需的资源需求,包括关键技术识别、专项测试改装、机务场务需求、组织保障需求、人员与培训需求等。因此,试飞总方案一般要包含如下要素:项目概述、试飞对象描述、试飞任务描述、试飞任务安排、改装和测试方案、机务和场务保障、试飞组织与管理、试验资源保障和关键技术等。

下面将逐一对如何开展试飞规划工作中的各项分析评估工作以及如何编制试飞总方案进行介绍。

2.1 试飞任务量评估

试飞任务量是开展试飞规划工作最为重要的依据,直接影响试飞机数量规划、试飞周期评估、架机任务网络,甚至影响试飞的组织体系。

不同项目研制阶段开展试飞任务量评估的方法不尽相同。在项目研制早期,同类其他型号的历史数据是开展试飞任务量评估的重要依据。例如,参考 ARJ21 新支线飞机试飞任务量,综合考虑新飞机(如在研的蛟龙或者 C919 飞机)与参考机型的差异就可以初步估算出新飞机的试飞任务量。差异方面主要考虑的因素包括:① 相对于已有型号采用的新布局或新技术变化;② 审定基础和试飞方法的变化;③ 局方试飞策略的变化;④ 研制单位和承试单位的技术和管理水平。例如,由于运行规则的变化,新型飞机不可避免地要考虑缩小垂直间隔(RVSM)、区域导航(RNAV)等相关条款的要求;由于结冰相关适航条款和咨询通告的变化,新研飞机在结冰试飞验证方面的任务量也会有所增加。

需要强调的是,研制单位、飞行试验承试单位的技术和管理水平,甚至审查方

（局方）的技术和管理水平都会对最终的试飞任务量产生一定的影响，这些因素在进行任务量评估时需要统筹考虑。ARJ21-700 飞机以前所未有的架次数和飞行小时数完成了试飞取证任务，设计能力和试飞取证方面的经验不足是其中的重要因素。

经过 ARJ21 项目的试飞取证实践，在飞机设计研发、适航条款理解、试飞验证方法以及适航审定等方面都积累了宝贵的经验，这些都会对后续型号起到积极的参考和借鉴作用。因此，后续型号与 ARJ21 型号相比总的试飞任务量会有降低的趋势。然而，考虑到我国民机发展的实际情况，如果简单采用最新的空客 A350、庞巴迪 C 系列等国外成熟制造商的型号试飞的经验数据，所得到的试飞任务量可能会是偏少的。

参考其他型号的经验数据得出的试飞任务量数据较粗糙，随着型号试飞准备工作的推进，试飞要求会逐渐成为试飞任务量评估的主要依据。以试飞要求为主要依据的试飞任务量评估针对性更强、准确性更高。在评估试飞任务量时我们引入有效试验时间和非试验时间的概念，总飞行时间是有效试验时间和非试验时间之和。根据试飞要求评估试飞任务量的具体方法如下。

（1）有效试验时间估算。有效试验时间主要由建立试验状态的时间、执行试验点的时间和恢复正常飞行的时间 3 部分组成。以失速试飞为例，首先要在目标构型、目标速度和目标高度配平飞机，这大概需要 1 min 时间，这就是建立试验状态的时间。执行试验点的时间是指开始拉杆减速到飞机完全失速的时间，这大约需要 0.5 min 时间。恢复正常飞行的时间是指改出失速并建立稳定飞行的时间，这大约需要 0.5 min 时间。因此，执行 1 次失速试飞大约需要 2 min 时间。

（2）非试验时间估算。非试验时间是指每个飞行架次中有效试验时间之外的时间。为了便于估算，非试验时间往往按照飞行架次进行估算。非试验时间主要是指每个飞行架次中不执行飞行试验任务的飞行时间，这些时间包括从起飞到达试飞空域的时间、执行完成试验任务返回着陆的时间以及试验点之间的调整时间。仍然以失速试飞为例，执行完一次失速试飞之后飞机的高度往往会低于下一个试验点的任务高度，飞机需要爬升到目标高度，然后再调整速度、姿态和构型等准备执行下一个试验点，这些时间都需要计入非试验时间。假设飞机往返空域按照 45 min 估算，两次失速之间的调整时间按照 1.5 min 估算，3 个小时的一个飞行架次理论上可以完成 38 次失速试飞。为了让估算结果更接近实际试飞结果，非试验时间往往还需要考虑试验成功率，影响试验成功率的因素有天气因素导致的无效架次、飞机故障导致的无效架次以及航空管制导致的无效架次等。这些因素与飞行区域、飞行时间、飞机状态和任务要求等都有关系，准确估算难度较大，一般会根据经验乘以一个系数。

（3）总飞行时间估算。总飞行时间实际上也是每个架次的飞行时间。ARJ21-700 飞机进行试飞规划时，由试飞工程人员对建立试验状态的时间、执行试验点的时间、恢复正常飞行的时间以及非试验时间进行预估,然后抽取部分典型试验点在飞行模拟器上进行模拟试验并记录上述信息,通过统计对预估结果进行修正,有效提高了估算结果的准确性。

(4)架次数估算。总飞行时间除以单架次飞行时间就是总架次数。影响单架次飞行小时数的因素包括飞机的载油量、油耗、飞行员的工作负荷以及其他特殊要求等。例如,失速试飞要求飞机保持前重心,则飞机能够保持前重心的时间就会影响单架次的飞行时间。实际飞行时单架次的飞行时间并不是一个固定值,不同的试飞科目每个架次的飞行时间可能相差较大。为准确估算总飞行时间,传统的办法是利用过去相似型号的历史平均值,更准确的办法是从试飞规划一开始就利用专用的软件和数据库,利用计算机来估算。利用计算机和软件进行估算的优点不仅准确性更高,更重要的是后续试飞规划和试飞计划还会不断调整,只有使用计算机手段才能实现实时、动态、快速的调整。

为了尽可能地提高任务量评估结果的准确性,实际最终的试飞任务量往往要综合考虑基于试飞要求的评估结果和基于其他型号经验的评估结果。在进行试飞任务量评估时,应当充分考虑采用结合试飞、综合试飞、充分的地面试验等优化和组合方法以减少总试飞架次和时间,从而提高试飞效率、缩短试飞周期和节省试飞成本。

2.2 试飞机数量规划和任务分工

在对型号飞行试验总任务量进行估算后,就需要确定在期望的型号取证计划内,需要几架试飞机执行试飞任务,并且如何将这些任务合理地分配到每架试飞飞机上。

试飞机数量规划需要综合考虑诸多因素,主要包括试飞任务量、飞行强度和型号取证节点要求,试飞机制造的能力和成本也是规划需要考虑的因素。

型号取证节点要求通常由市场需求决定,作为主制造商,必然希望尽可能早地完成试飞任务,取得型号合格证并交付航空公司。因此,更多的试飞机参与试飞取证,缩短试飞取证周期已经成为一种发展趋势。现代民用飞机基本上都使用了4架以上的飞机用于试飞取证,其中庞巴迪公司的C系列飞机使用了4架试飞机,空客公司的A350飞机使用了5架试飞机,波音公司的B787飞机使用了7架试飞机[1],我国最新研制的C919飞机也规划了6架试飞机用于试飞取证。ARJ21-700飞机在型号研制初期计划采用3架试飞机开展飞行试验。在型号首飞之后,由于机头发生了更改,需要增加一架采用了新构型机头的试飞机用于试飞取证,因此,增加了104架机用于取证试飞。后来在取证前夕,由于功能和可靠性试飞要求飞机构型要尽可能与取证构型保持一致,又增加了105架机用于开展功能和可靠性等科目试飞。因此,准确地说,ARJ21-700飞机前前后后共有5架试飞机用于试飞取证。

根据型号取证节点要求、试飞机生产计划,可以计算出每架飞机的可用飞行月数。所有试飞机总的飞行月数相加就是以月为单位的可用试飞周期。

飞行强度一般以架次/月为单位。飞行强度是一个主制造商试飞技术能力和管理水平的重要体现。新型号飞行强度的确定一般会参考已有机型的历史统计数据,特别是本公司已有型号试飞的飞行强度数据,会更有参考意义。

确定了试飞机数量之后就可以开展架机任务分配工作。架机任务分配流程如下:

(1) 优先安排对飞机平台验证密切相关的试飞任务(如失速、颤振、包线扩展、控制律调参等科目),将这些科目安排在前两架试飞机上。

(2) 接下来对有明确前置关系要求的试飞任务(如发动机推力确定试飞是绝大多数性能试飞的前置科目),根据测试改装要求、飞机构型要求和试飞任务量安排在相应的飞机上。

(3) 专项试飞任务安排到具备相关测试改装条件和相应构型的试飞机上。

(4) 有相同重大测试改装需求的试飞科目尽可能安排在同一架飞机上,但可根据后续实际试飞情况按需调整。这样安排可以充分利用单架试飞机的试飞改装资源,避免在其他试飞机上重复进行这类重大测试改装工作,节省费用的同时也可以缩短试飞周期。

(5) 无严格顺序要求的试飞科目可根据试飞机构型和任务量按飞行强度相等原则分配到各架机中。由于每架机的交付有先后次序,各架机的任务量应按交付顺序及交付时间差合理递减,所以,采用同等飞行强度标准分配试飞任务更加合理、均衡。

进行架机任务分配的同时,还需考虑任务备份,一般遵循以下原则:

(1) 合理安排各架机备份任务量以平衡各架机的测试改装工作量。

(2) 作为大多数科目前置条件的任务,应考虑进行备份。

对于项目节点调整、构型更改、试验条件难以达到等变化要有充分考虑,这样有助于项目更灵活地进入 TIA 和更快地完成审定试飞。

2.3　架机任务逻辑网络图

每架试飞机上承担的试飞任务都有不同的优先级,其实施也有不同的前置科目、测试改装、构型和地面保障等方面的约束。通过梳理任务之间的逻辑关系,整理出该架机执行试飞任务的逻辑图,称为架机任务逻辑网络图。编制架机任务逻辑网络图的依据有:架机的任务分工、科目的逻辑关系、科目构型需求、飞机系统构型计划、试飞机改装计划、专项试飞窗口期和相关地面试验计划等。

机上地面工作如测试改装、构型升级、重要的地面检查、机上功能试验和飞机维护定检等需要占用试飞机时间,这些地面工作对飞行试验执行有着重要的影响,这些因素在编制架机任务逻辑网络图的时候需要重点考虑。例如,在模拟冰型试飞前需要进行冰型的安装,全机振动试飞前需要进行传感器的安装,发动机推力确定试验(IFTD)试飞前可能需要换装新的发动机等,这些工作都需要体现在架机任务逻辑网络图中,并且安排在相应的试飞任务执行前完成。此外,一些重要的准备工作虽然不占用时间,但其准备会直接决定试验任务能否执行,这类任务也需要体现在架机任务逻辑网络图中。例如,溅水试验所需要的水池搭建,空中防撞系统(TCAS)试飞所需要的配试飞机准备等。

典型的试飞架机任务逻辑网络图一般包含如下信息:任务名称、关键节点(如首飞、重大试飞项目)、重要的地面工作、前置条件、相关的关键任务等。随着试飞工作的开展,架机任务逻辑网络图应做相应的调整使其更加合理,以更好地指导该架机的试验任务。

2.4 试飞关键技术识别及保障要求

在试飞规划中需要确定关键技术识别的原则,列出已识别出的关键技术并提出关键技术的攻关方法。此外,还应规划支持型号试飞所需要的测试改装要求、机务和场务保障要求以及试飞资源要求等,详见本章 2.6 节。

确定关键技术研究项目时,主要考虑以下方面:①未采用过的新技术,如飞控系统的电传技术统筹;②未开展过的验证内容和试验方法,如专用条件的试飞验证技术等;③以往试飞实践中发现的需要提升的技术;④为提高安全和效率需要提升的技术。

由于型号经验所限,在试飞规划阶段可能无法识别出全部的关键技术,后续在试飞实施阶段仍然会持续开展关键技术识别工作,并同步开展相关的技术攻关工作。如 ARJ21 - 700 飞机的自然结冰试飞科目,自 2011 年进行了第一次自然结冰试飞以后,不断地开展试飞气象调研和试飞方法完善等工作,于 2013 年底完成了全部的研究工作,并于 2014 年 4 月取得了自然结冰试飞的最终成功。

2.5 试飞组织体系

型号试飞组织体系应具备统一的指挥系统,即在型号的项目行政指挥系统和总设计师系统的统一领导下,统一组织和统筹管理型号的飞行试验工作。行政指挥系统对试飞工作的进度、风险、经费进行全面管理;总设计师系统对试飞技术工作负全责,全面组织协调、解决试飞工作中的所有技术问题。

在型号试飞规划中,应明确型号的试飞工作责任主体、设计技术责任主体、试飞机构型保障责任主体等。

试飞工作责任主体对试飞质量和试飞安全负责;对试飞期间飞机构型变化实施情况进行管理;负责制定试飞方案,编制试飞大纲、试飞任务单、试飞报告;负责测试、试飞数据处理与分析及试飞数据的有效性确认;负责试飞员队伍组建,负责机务、场务保障。在 ARJ21 - 700 飞机型号取得 TC 证前的试飞阶段,试飞工作责任主体为中航工业试飞院,在设计改进阶段由中国商飞民用飞机试飞中心和中航工业试飞院按不同的飞机分别负责。

设计技术责任主体主要负责编制试飞要求,会签试飞大纲及试飞任务单,对试飞结果和符合性进行确认,制订试飞飞机构型管理规定与要求等。设计技术责任主体是试飞期间技术支持团队牵头单位。在 ARJ21-700 飞机试飞中,设计技术责任主体为型号的设计单位,即中国商飞上海飞机设计研究院。

试飞机构型保障责任主体负责试飞机的构型调整、支持维修、试飞技术支持等工作。

试飞组织体系方面,应确定试飞工作流程,明确构型管理、适航、安全、质量、保密、文件管理等方面的工作的流程和接口。

2.6　试飞总方案

试飞总方案是飞机试飞工作的纲领性文件,是指导和安排整个试飞工作的基本依据。试飞总方案一般包含以下要素:项目背景、试飞依据、试飞任务量评估、架机任务分配、试飞计划安排、测试与改装、试飞保障、试飞资源和试飞组织管理等。

2.6.1　项目背景

项目背景一般包括型号试飞的里程碑计划、飞机主要供应商、试飞对象等内容。

项目里程碑计划一般可分为 5 个阶段:预发展阶段、工程发展阶段、全面试制阶段、试飞取证阶段和批生产与交付阶段。

飞机主要供应商一般包括机体供应商和系统供应商。

试飞对象一般包括飞机概述、总体技术参数、速度/重量重心/环境温度/过载包线、飞机系统组成和关键技术特点等。

2.6.2　试飞依据

民用飞机型号试飞依据的主要来源有两种:一种是适航当局指定的适航性要求(合格审定基础);另一种是研制方提出的设计验证要求。

飞机的研制总要求和适航要求的内容是针对飞机验证而言,有些内容不一定都需要或都能通过试飞来验证,如飞机疲劳寿命和可靠性指标等。一般来说,凡是只能在试飞中进行测试,或需要依靠试飞员主观判断的科目都要进行试飞。同时,通过少量的试飞验证,仿真计算和地面试验结果具有足够的可信度的,在得到适航当局认可的前提下,可以用仿真计算和地面试验去补充试验点和扩展试飞结果,从而节省试飞架次。

2.6.3　试飞任务量评估

根据本章 2.2 节试飞任务量评估工作的结果,给出试飞任务量评估的主要方法和依据,详细阐述试飞任务量评估的结果,包括总的型号试飞架次数和小时数,研发试飞、表明符合性试飞以及审定试飞的架次数和小时数。

2.6.4　架机任务分配

依据本章 2.3 节给出的架机任务分配的方法,给出架机任务分配的原则和思路,详细给出架机任务分配的结果和方案,包括每架机需要承担的主试飞任务和备份试飞任务等。

例如,ARJ21 项目飞机将颤振、包线扩展以及绝大多数的性能操稳等与平台验证相关的试飞科目都规划在 101 架机上,以便尽可能早地完成平台验证,避免试飞取证后期发生重大的平台更改而严重影响试飞取证进度;将发动机、燃油、APU、防火、电源等科目安排在 102 架机上。因此,与发动机直接相关的大侧风试飞、高原试飞也安排在 102 架机上;将航电、环控等试飞科目安排在 103 架机上,与环控相关的高温高湿试飞也相应地安排在 103 架飞机上。根据整个项目进展,之后又增加了 104 架机和 105 架机,将部分性能操稳试飞科目调整到 104 架机上;将功能和可靠性试飞安排在 105 架机上。

2.6.5　试飞计划安排

依据本章 2.3 节给出的架机任务逻辑网络图编制方法,给出所有试飞机的架机任务逻辑网络图,明确型号试飞取证的顶层计划。

民用飞机典型试飞实施阶段划分如图 2-1 所示。

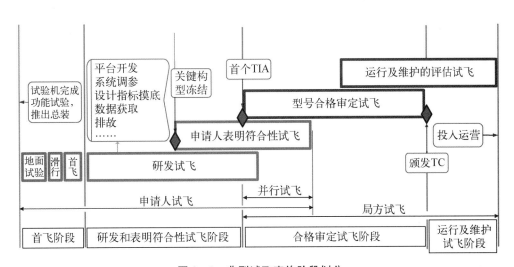

图 2-1　典型试飞实施阶段划分

一般情况下,目前民用飞机型号试飞周期约为 15～25 个月,不同飞机和不同时期可能有较大的差别。

以某型单通道客机试飞为例,采用 6 架试飞机,整个型号试飞周期为 20 个月,具体试飞计划安排如图 2 - 2 所示。

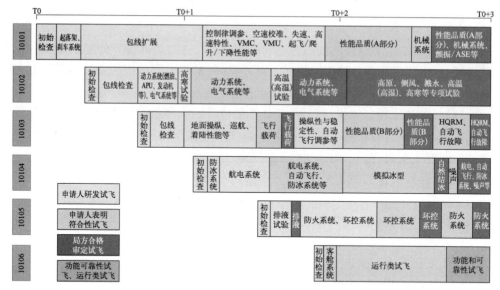

图 2 - 2 某型号试飞计划安排示例

ARJ21 - 700 飞机 101 架机在项目规划初期的逻辑网络如图 2 - 3 所示。

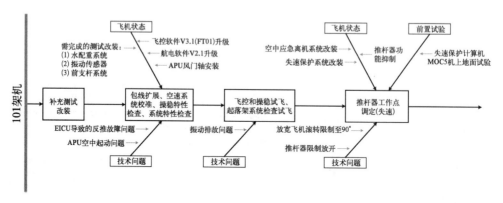

图 2 - 3 ARJ21 - 700 飞机 101 架机试飞逻辑网络

2.6.6 测试与改装

民用飞机型号试飞测试系统一般由机载测试系统、外测系统、遥测系统、数据处理及管理系统、地面支持系统组成。试飞测试系统总体架构如图 2 - 4 所示。

在试飞任务规划前期,就应对试飞测试系统的各子系统提出明确的技术要求,确保其满足型号测试任务书所规定的各类参数采集需求。

此外,还需明确各架试飞机需要的专项改装设备,并编制专项改装系统设计任务书。常用的专项改装设备如表 2 - 1 所示。

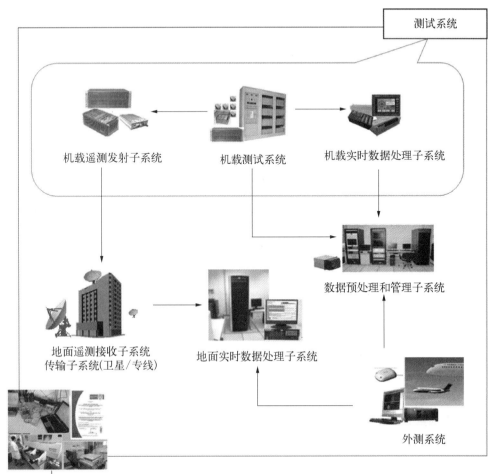

图 2 - 4　试飞测试系统总体架构

表 2 - 1　常用专项改装设备清单

序号	专项改装设备	说　　明
1	拖锥(可收放或简易)	用于空速校准、RVSM 试飞
2	应急离机系统	保障机组人员试飞安全的重要手段
3	水配重系统	用于按试飞状态点要求实时调节飞机重心,提高试飞效率
4	尾橇	用于最小离地速度试飞,保护后机身结构
5	操纵力/位移测量	用于测量侧杆、脚蹬操纵力及位移
6	电负载	用于电源系统和动力装置系统试飞
7	失速改出伞	用于保障一旦进入不可控失速状态可以安全改出

序号	专项改装设备	说　明
8	颤振激励设备	用于按颤振试飞试验点要求对机体结构进行特定频率及幅值的激励
9	发动机测压耙	用于测量发动机进气道压力分布,适用于IFTD和进气畸变试飞
10	机翼测压改装件(包括襟/缝翼测压)	用于载荷试飞中测量翼面压力分布
11	自然结冰试飞专用设备	包括结冰气象探测和结冰摄像,用于测量大气中平均水滴直径与液态水含量,并对结冰情况进行摄像
12	模拟冰型	用于模拟冰型试飞
13	飞控试验接口设备(TIU)	用于飞控系统及控制律增益调参试飞
14	灭火剂浓度测量装置	用于防火系统试飞中测量短舱及APU舱灭火剂浓度
15	着色水喷射系统	用于短舱、APU舱、全机排液试飞
16	烟雾发生器	用于货舱、盥洗室烟雾渗透试飞;用于防火系统试飞
17	基准惯导	用于精确测量机体姿态角及角速率
18	防冰系统缝翼改装件	用于干空气条件和自然结冰条件下机翼防冰系统试飞
19	舵面卡阻故障注入装置	用于主飞控系统舵面卡阻试飞
20	发动机驱动泵故障模拟装置	用于液压故障模拟试飞
21	关键参数显示器	用于为试飞员在驾驶舱位置显示试飞科目关键参数,如侧滑角、过载等

2.6.7　试飞保障

民用飞机试飞保障主要包括机务保障和场务保障 2 大类。

根据工作阶段的不同,机务保障工作可以分为前期准备工作和试飞期间的保障 2 个部分。前期准备工作还可分为前期接收准备阶段、接收检查阶段和首飞前评审 3 个阶段。而试飞期间的保障可分为预先准备、直接准备、飞行实施、飞行后检查 4 个阶段。机务保障工作应当在试飞任务规划前期明确试飞维修规划、工装要求和计划以及工艺文件准备情况等。

场务保障工作可以分为场务保障准备和场务保障实施 2 个部分。场务保障准备包括场务保障问题研究;场务保障大纲的制订;场务飞行保障设施、设备条件规划与建设;场务保障车辆、航材、工具的规划、配备和维护管理;场务保障人员队伍建设5项内容。场务保障实施包括空域保障、场道保障、车辆保障、气象保障、通信导航监视保障、氧气和氮气保障、机载电瓶维护、试飞专用场务保障设备、试飞现场协调等工作。对于可能存在多个试飞基地同时试飞的情况,场务保障模式也应根据实际情况适当调整。

2.6.8　试飞资源

民用飞机试飞资源主要包括试飞机场、试验设施与设备、伴飞/保障飞机、人员规划与培训、型号研保建设等内容。

2.6.9　试飞组织管理

民用飞机试飞一般采用联合试飞方法,即试飞单位、研发单位、制造单位和客户服务单位共同组织开展试飞工作。试飞单位是试飞工作的责任主体,负责制订试飞方案,编制试飞大纲、试飞任务单、试飞报告,负责测试、试飞数据处理与分析及试飞数据的有效性确认,负责试飞员队伍组建,负责机务、场务保障等;研发单位作为飞机设计技术总负责单位,主要负责编制试飞要求,会签试飞大纲及试飞任务单,对试飞结果和符合性进行确认,制订试飞飞机构型管理规定与要求等;制造单位负责测试改装支持,参与飞机试飞技术支持;客户服务单位负责模拟器试飞要求、技术出版物的验证要求及确认,并参与试飞技术支持。

目前国内一般按照双系统进行组织管理,即项目行政指挥系统和总设计师系统。行政指挥系统对试飞工作的进度、风险、经费进行全面管理;总设计师系统对试飞技术工作负全责,全面组织协调、解决试飞中的所有技术问题。

试飞现场的质量、安全和标准化管理应由专人独立负责。重大技术节点、试飞阶段转段、重大故障分析和处理等都要召开专题评审会。

对于试飞现场的适航管理工作,应当建立管理组织架构,确认试飞适航具体工作,提出主要适航工作要求,制订相关适航证件及资质的管理规定。

试飞现场的项目管理工作主要包括计划管理、经费管理、构型管理和风险管理。

试飞现场应制订严格的文件和数据管理制度,飞机故障信息的发送和处理,试飞技术问题的询问和协调,研制方对飞机系统的软硬件更改要求、试飞原始数据/预处理数据等全部按规定形式和流程发放、传递。

为保障型号试飞过程保密工作管理制度化、规范化和科学化,形成有章可循、按章办事、规范高效的管理体制,试飞现场需要建立相应的试飞工作保密制度,以指导、规范、监督保密工作,保护商业利益和先进技术。

参考文献

[1]　钱锟.波音787飞行试验项目回顾与总结[J].国际航空,2011(7):66-69.

3 试 飞 计 划

通过第 2 章，我们知道试飞开始前需要开展试飞总体规划工作，明确任务、评估试飞任务量、确定各架机分工，在对测试、改装、机务、场务、资源保障、关键技术等工作统筹考虑后，形成试飞总方案。

在明确任务、确定各架机分工后，需要在此基础上进一步制订详细试飞计划。合理的试飞计划对于优化试飞资源配置、提高试飞效率具有重要意义。

飞机制造商都十分重视试飞计划编制工作，并逐渐向精细化发展，试飞计划编制逐渐由科目执行计划变成试验点执行计划。20 世纪 80 年代，美国德莱顿飞行研究中心开发出自动测试管理系统（automatically test management system, ATMS），辅助试飞工程师进行试飞计划编制、试飞监控和飞行仿真等工作，为 F-111、F-15 等战斗机的试飞工作带来了便捷。20 世纪 90 年代，瑞典 SABB 飞机制造公司在 ATMS 系统的基础上，开发出了 KUNG 试飞计划管理系统，实现了制订 JAS-39 鹰狮战斗机试飞计划的自动化管理，对 JAS-39 的早日交付起到了不可忽视的作用。21 世纪初，美国波音公司基于 ATMS 系统为 F-22 战斗机试飞量身打造了测试计划系统（test-plan system, TPS），用于对试飞数据进行管理以及对试飞情况进行全程跟踪。通过建立完整试验形态的数据库，试飞工程师可便捷地查看试验状态点信息，并能根据试验状态点执行情况，快速制订和调整试飞计划；后续，波音公司又在 TPS 的基础上开发出了适用于民机试飞的工作平台，进行 B787 试飞时，通过此系统统筹规划试飞任务，将不同科目的试验点合理安排在一个架次中，以有效利用每个架次的飞行时间[1]。

ARJ21-700 飞机在项目试飞初期，由于对试飞任务的复杂性认识不足，试飞任务量未能得到准确的评估。初期规划的 ARJ21-700 飞机试飞的总的任务量为 1 200 架次左右，而实际 TC 前共飞行了 2 942 架次，最初规划的架次数仅为实际试飞架次数的 41%。

为破除"坚冰"，中国商飞专门组建了试飞规划工作组，集设计、试飞、适航、项目管理等多领域专家，历时两年，对 ARJ21-700 飞机试飞工作进行重新规划，制订了用于指导 ARJ21-700 飞机型号试飞的试飞规划方法和软件平台，形成了试飞计划建议，为 ARJ21-700 飞机后续试飞工作提供了理论依据和高效的手段，为后续 ARJ21-700 飞机的试飞取证提速起了重要的作用。

3.1 试飞计划的层次

一般而言,试飞计划可分为 3 个层级,分别是试飞项目级计划、科目计划和执行计划,3 个层级计划之间相辅相成。试飞计划采用"自上而下"和"自下而上"相结合的方式进行制订。

1）Ⅰ级——试飞项目级计划

试飞项目级计划是从项目研发层面出发,根据前期工程经验和相似机型试飞情况,考虑飞机设计特征、产品成熟度、原始设备制造商（OEM）试验能力、飞机研发的客观需求和产品交付的市场要求等内容,制订的顶层试飞工作目标、技术路线图和时间节点。Ⅰ级计划要体现总体试飞任务、与其他相关试验和重大节点之间的关系、各架试飞机初步任务分工、试飞任务周期、里程碑等（如首飞、初次颁发 TIA、试飞结束点等）,Ⅰ级计划是开展型号试飞工作的主脉络。制订Ⅰ级计划时应同时确定型号试飞的顶层策略,包括关键风险识别和处置策略、局方介入申请人试飞的策略、研发试飞策略等内容。

2）Ⅱ级——科目计划

制订Ⅰ级计划后,开始对其"自上而下"进行分解细化,形成Ⅱ级计划——科目计划。制订Ⅱ级计划的重点是根据试飞科目特点,识别执行该试飞科目的具体要求,包括试验性质、科目执行逻辑、科目构型要求、测试要求、改装要求、气象环境要求、跑道条件要求和前置地面试验要求等内容。统筹考虑上述科目要求后,结合预估的任务执行效率（可使用经验数据）,确定科目计划。

3）Ⅲ级——执行计划

执行计划是对科目计划的进一步细化,是定义科目任务包中具体飞行剖面的过程。通过设计每一个架次的任务剖面,结合考虑机组需求、空域需求、构型需求和架次执行有效性等因素,将每架试飞机、每个架次试飞任务合理地串联起来,形成可指导试飞现场日常工作的详细计划。减少试飞架次和缩短试飞周期是制订执行计划的主要目标,最为行之有效的方法就是在架次执行效率方面采取措施。实施执行计划时应充分考虑试验状态点的相似性和机组工作负荷情况。具体如图 3-1 所示。

3.2 计划的编制要求

试飞计划的制订需要考虑试飞执行过程和保证试飞结果有效的各方面因素,在制订试飞计划时可结合试飞计划的不同作用,将上述因素合理地分配到不同层级的试飞计划制订过程中予以考虑,然后通过上下层次的迭代降低试飞计划制订的难度。合理的任务规划对缩短试飞周期和降低试飞成本具有积极的意义。ARJ21-700 飞机前期试飞时由于缺乏合理的试飞任务规划,所制订的试飞工作计划在实际执行过程中存在较大偏离,架次执行效率较低,导致试飞周期不断延长。

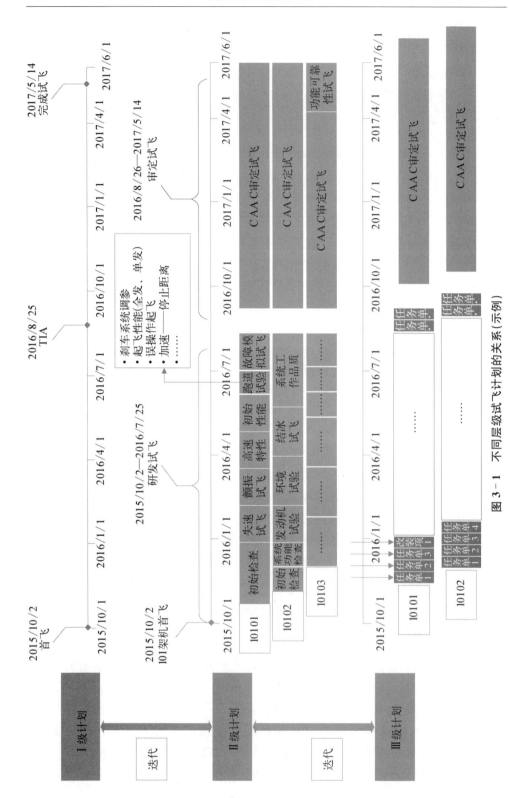

图 3 - 1 不同层级试飞计划的关系（示例）

当意识到原有的试飞规划和试飞计划已经严重制约试飞任务执行时,中国商飞专门组建了试飞规划工作组,对 ARJ21-700 飞机试飞工作进行重新规划,并开始利用计算机手段管理试飞规划和试飞数据,2013 年以后试飞效率明显提高。

3.2.1 试飞项目级计划

项目试飞计划根据项目总体研制目标制订,试飞项目级计划必须满足总体规划确定的里程碑节点要求。为保证项目试飞计划的合理性,制订时需参考前期型号经验和类似机型数据,结合考虑飞机总体设计指标、成熟度、试飞单位能力和外部资源配置等方面。

在 ARJ21-700 飞机试飞计划制订过程中,存在试飞计划"激进"和缺乏科学性的问题。2008 年 12 月 18 日工信部批复 ARJ21-700 飞机转入试飞取证阶段,要求 2010 年完成全部的取证试飞任务。受取证节点的限制,采用"倒排"节点制订试飞计划,由于对试飞过程中的困难和曲折估计不足,计划中确定的试飞强度远远超出实际能力。2011 年年初调整后的取证节点为 2011 年年底,2012 年年初再次调整的取证节点为 2012 年年底。特别是为了捕捉这样"激进"的计划中的"气象窗口"(特殊气象试飞科目要求的气象条件),对整体试飞计划产生了较大影响。

在 ARJ21-700 飞机试飞项目级计划的编制时,还存在对任务量评估不准的问题。主要体现在以下几个方面。

1)试飞架次估计不准

在项目试飞初期,由于任务目标不够明确,试飞任务量难以准确评估。当时规划的 ARJ21-700 飞机试飞的总的任务量为 1 200 架次左右,而 TC 前实际飞行了 2 942 架次,最初规划的架次数仅为实际试飞架次数的 41%。在整个试飞过程中,试飞任务量不断增加,即使在进入审定试飞阶段后,该现象仍然存在。比如,按照 2013 年年初制订的年度计划,2013 年 1 月至 11 月的研发试飞计划安排 20 余架次,而该段期间实际执行了 127 架次,远远超过计划。

2)测试改装的工作量估计不准

如载荷试飞改装,在制订专项计划时,预计 3 个月完成载荷试飞改装,而实际载荷试飞改装持续了 9 个月。

3)地面验证工作估计不足

试飞与地面验证工作是一个整体,研发试飞应根据充分的计算分析和地面试验结果,识别关键影响因素后,再"有的放矢"地规划试飞任务。ARJ21-700 飞机试飞项目级计划编制时,对工程模拟器、铁鸟、航电试验台等地面试验平台的使用认识不足,地面验证不充分,不得不更多地使用试飞的方式进行产品的研发试飞,导致试飞任务量激增,且试飞有效性较低。

3.2.2 科目计划

科目计划是从试飞任务出发,将不同试飞任务安排到不同架机上的过程。科目层级的计划既是对项目级试飞计划的分解，也是制订执行计划的依据。科目计划应综合考虑技术风险、科目执行的逻辑、测试改装、特殊的气象需求、构型需求等约束条件。

3.2.2.1　试飞任务

试飞虽然具有区别于其他试验的各种特点，但其依然属于民用飞机验证与鉴定(V&V)中的整机级试验的主要组成部分(具体详见 SAE ARP-4754A)，进行试飞任务定义时应按照需求确认和验证的工作流程开展任务的分析和识别工作(试飞任务的多寡与地面试验和设计团队的设计能力直接相关)，并最终制订适用于该型号的试飞任务。

同时依据 AP21-03R4 程序，民机试飞任务又可分解为申请人的飞行试验和审定飞行试验。因此，进行试飞任务定义及分类时应充分考虑适航审查的特点，具体如图 3-2 所示。

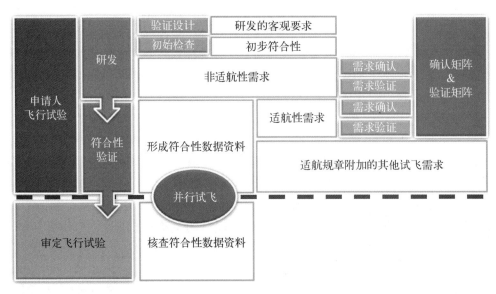

图 3-2　试飞任务分类

3.2.2.2　考虑因素

飞行试验作为一项系统工程，影响其顺利开展的因素较多，图 3-3 给出了可能影响试飞的主要因素。

制订科目计划时应当重点考虑项目风险、执行逻辑、测试改装、环境气象和飞机构型等因素。

1) 项目风险

发现设计缺陷，支持飞机设计改进优化也是试飞的重要目的之一。因此，在研发试飞之初，应对飞机的关键设计需求进行复查，尤其是可能带来重大设计变更的

需求或工程分析已表明相对临界的
设计需求，应提早、尽快进行。该部
分内容的试飞可按照风险管理的方
式定级；进行科目层级规划时，该部
分内容的执行时序应放在高优先级
上。如飞行载荷、气动参数辨识、巡
航油耗等科目应在试飞初期开展和
完成，以支持关键设计需求的确认。
ARJ21‑700 飞机将飞行载荷试飞
放在了试飞后期进行，对项目而言
是存在较大技术风险的。

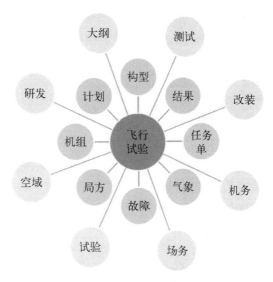

图 3‑3　影响试飞的主要因素

　　2）执行逻辑

　　试飞包线是逐步扩展的，飞机
的功能、性能的验证也是逐步进行
的，因此，试飞科目之间以及试飞科目与一些地面试验之间存在一定的执行逻辑关
系。严格按照科目执行逻辑开展试飞工作是保证试飞结果有效的必要条件。因
此，进行科目规划时不同执行逻辑顺序的试飞科目是不能安排在相同的任务组合
中的。一般而言，飞机进行控制律调参、动力装置控制、自动飞行控制系统、环控系
统、导航系统等试飞时，均需使用精确的大气数据作为基准。因此，试飞前期应先
进行大气数据系统的校准试飞。

　　对于试飞科目与地面试验之间的关系，可按设计要求—系统地面试验—试
飞的方式建立其初始执行逻辑；对于试飞科目之间的关系，可根据试飞科目的
不同按照系统/设备基准（如空速校准、发动机推力调定等）—系统构型完善（如
各种系统/设备调参、系统功能检查等）—性能基准（如失速速度、颤振、确定临
界发动机等）—指标确认（如符合性验证试飞内容）的方式建立相互间的逻辑
关系。

　　进行科目计划时若没有按照正确的执行逻辑，则会导致任务无效，使试飞工作
出现反复，从而影响试飞周期，也会浪费资源和费用。在 ARJ21‑700 飞机的试飞
过程中，研发试飞为 1 288 架次，占总架次数的 44%。过多的研发试飞任务量是试
飞总周期过长的主要原因之一；而执行逻辑不合理导致的试飞先后次序错误是研
发试飞任务量过多的重要原因之一。ARJ21‑700 飞机试飞初期，由于未认识到科
目执行逻辑的重要性，在未完成前置科目的条件下而"强行"进行大量后续科目的
研发和符合性试飞，这些试飞最终也仅能成为"摸底"试飞，所获取的试飞数据对型
号研制和适航验证的意义不大。最为典型的例子就是 ARJ21‑700 飞机在进行失
速试飞时，作为其基础的、与空速校准相关的拖锥塔校尚未进行，影响了失速试飞
数据的有效性。在补充进行了拖锥塔校试飞证明已有数据的有效性后，失速试飞

又重复进行,这一过程严重影响了失速试飞计划。此外,在试飞前期,申请人对研发、表明符合性、审定 3 种类型试飞的性质认识不清晰,对构型评估和制造符合性检查等工作缺乏系统性程序要求,导致前期大量的"表明符合性试飞"都因程序错误而无效,只能被迫转为意义不大的研发试飞。

3)测试改装

试飞不仅是飞机在真实飞行环境中的一种试验,更为重要的是通过试飞可以获取数据或信息,用以定量或定性评估飞机及其机载系统的功能和性能。要获取这些数据或信息,必须依赖于测试系统。一般而言,测试系统可分为机载数据采集系统、地面数据采集系统和外部参数测量系统。按科目对所需的各种测试参数和机上改装进行定义,并以此为基础评估进行测试改装和恢复所需的工作周期。

从莱特兄弟首次飞行时留下的影像记录,到 A380 飞机采用的分布式采集和以"以太网"为中心的测试系统,随着航空技术的发展,飞机系统与系统之间数据交互越来越多,逻辑越来越复杂,为验证系统性能,相关测试需求也由早先的几个参数逐步增加到几百、上千乃至上万个参数。

由于费用、周期、系统容量和改装空间的制约,不同架机之间的测试系统必然会存在着一定的差异,这些差异使得我们不可能在任何一架试飞机上安排所有的试飞任务。这就要求在进行测试改装规划时,应充分考虑测试系统的差异性和备份的需求。

ARJ21 - 700 飞机进行测试改装工作规划时,由于对测试参数的全局规划不甚合理,预见性不足,试验飞机机载测试系统的采集容量不足,且未考虑测试系统的校验周期风险,未对测试系统进行备份,导致试飞期间由于任务调整而在不同飞机上反复进行临时改装,影响了试飞进度。

(1)考虑不同测试改装特点。

试飞改装一般分为架内和架外两部分内容,架内改装一般是在飞机的大部件制造和装配阶段在机上实施,包括在飞机密封区和不易接近区域进行的测试设备及其线束的安装和布置工作,这部分工作应在测试改装规划时,充分考虑改装内容实施难易程度、具体关联的科目属性,提出改装备份的需求,并纳入试飞整体规划中统一考虑。ARJ21 - 700 飞机在试飞过程中试飞大纲反复更改,导致了改装需求无法冻结。这种情况一方面导致了测试改装在后期出现了反复和临时增加,如短舱冷却试飞、冲压空气涡轮(RAT)研发试飞、自然结冰试飞等科目开飞前均进行了1~2 周的改装工作;另一方面导致了在试飞实施阶段仍然需要开展部分原本属于架内改装的工作。这样的工作对于试飞机来说实施难度大、工期长,大大增加了飞机地面改装时间。

(2)考虑测试系统备份。

虽然最初制订各架机试飞进度的时候是按同步完成考虑的,但在试飞进行一段时间后,由于各方面的因素,相互之间必然会出现一定的差异。这时就会出现任务调整和再分配的需求,而且这种情况还会多次出现。由于在最初规划中没有充分考虑各架机之间任务的调整和转移,未进行测试改装备份,导致不得不放弃任务调整,或是调整以后增加了大量的改装任务和时间。如 ARJ21 - 700 飞机自动飞行部分任务从 103 架机调整到 101 架机上,重新抽引了大量参数。这种情况在 ARJ21 - 700 飞机试飞中出现多次,影响了试飞进程。

（3）测试系统落后,可靠性不高。

测试系统受到架构限制,总的输出带宽有限,可扩展性不强,采集通道不足,试飞过程中增加参数较为困难,各专业间经常需要相互借用采集通道,有些试飞科目不得不等待其他科目完成后,借用通道才能开展。

测试系统可靠性不高,故障较多。故障在科目执行过程中出现,导致试飞架次无效;故障在地面检查时发现,导致任务无法按计划申报或申报后取消,且占用了很多地面工作时间。

（4）部分试飞计划不够合理。

结构载荷试飞的测试改装属于架内改装,传感器有固定的校验有效期。由于结构载荷试飞计划安排在试飞的后期进行,而实际型号试飞周期大大超出了预期,导致临近载荷试飞时已安装的传感器均过了校验有效期。为此,飞机只能停飞进行架外改装,该项工作难度较大,占用了超过 9 个月的地面工作时间。

（5）试飞需求引起测试工作反复。

测试需求来源于试飞需求,试飞需求反复更改,导致了测试改装工作的反复,这种情况在整个试飞过程中多次出现,影响了型号试飞计划的实施。因此,应提前做好测试改装规划,尽量将工作安排在架内改装阶段完成;使用更加先进的测试系统,根据各架机的构型特点和任务分工预留测试改装备份;同时,在试飞计划安排时应依据测试系统校验有效期进行,防止科目试飞时出现测试系统进过校验有效期的情况。

4）环境气象

试飞是对飞机在"人——机——环境"耦合条件下进行的试验验证和鉴定行为,试验环境应覆盖各种预期或临界的运行条件和特定设施,包括:高寒环境、高温/高湿环境、侧风环境、高原环境、湿跑道和污染跑道环境、自然结冰环境、雨天试验环境、具备 CAT ⅢA/B 能力的机场等。

编制科目计划时必须考虑环境气象因素,天气条件直接影响试飞周期。在 ARJ21 - 700 飞机阎良机场试飞过程中,经常出现申报的试飞计划由于天气因素而取消的情况,以及试飞准备已到位却由于天气因素无法申报计划的情况。以下两个因素加剧了天气对试飞计划的影响。

（1）试飞气象预报和监控手段不足。

国内在试飞的气象预报和监控手段方面投入不足,尤其是民机试飞的特殊气象相关的内容,如高频通信中要求的沙尘暴、干燥雪等。国内由于试飞气象预报能力、人才和手段的欠缺,因此为民机试飞组织提供的专业气象预报和服务能力有限。

(2) 试飞计划编制和试飞运行管理对天气统筹不够。

试飞计划在编制时忽视了特殊气象条件的窗口期,对阎良本场天气条件的统筹不够,未能深入研究试飞科目要求的天气条件。试飞运行管理和气象监测部门未形成稳定持续的气象信息沟通和协作机制。

根据"试飞日志"记录,在阎良本场的试飞中,天气影响时间如表3-1所示。

表3-1　阎良本场天气因素影响(单位/天)

架　　机	101	102	103	104	105
A: 已申报试飞计划由于天气因素取消试飞计划	135	75	62	72	2
B: 试飞准备已经到位由于天气因素无法申报计划	106	64	55	61	2

3.2.2.3　编制过程

科目计划是考虑科目之间客观约束后,充分发挥编制者经验的过程。

根据上述基于试飞科目的需求数据,以科目逻辑为基础,按照需求相似性进行科目组合形成任务包(Block),并定义不同任务包所需的地面试验和改装任务,测算具体的工作/试飞周期,形成科目计划。科目计划中包括具体的试飞科目、所需的地面试验项、所需的测试改装项等内容和基于上述工作/试飞周期测算结果的试飞任务分工,同时按照试飞科目的飞机状态基准,确定所需的系统构型到位时间以保证科目计划与飞机整体研发进度的匹配性,具体如图3-4和图3-5所示。

科目计划应充分考虑在科目层级的各种需求条件,并根据需求相似性进行组合,生成试飞任务分工和试飞工作框架。科目计划中包括具体的试飞科目、所需的地面试验项以及对应的测试改装项等内容,并与构型到位等研制计划相互匹配,以具备指导开展试飞工作的能力;通过测算每项试飞科目和相关工作任务所需的时间周期,采用逐项叠加的方式获得飞机完成所有试飞任务所需的时间周期。

科目计划相比于项目计划内容更具体和丰富,明确了具体的科目内容和执行该科目所需的前提条件等,但对于从庞杂的试飞执行顺序中寻求全局最优的试飞任务安排和指导试飞任务的具体执行方面依然力有不逮,需要根据任务包内试验状态点的具体设置情况,进一步从任务执行层面合理规划每一个架次的飞行,并以此为基础,确认科目计划安排的合理性,迭代和完善科目计划,提高试飞执行效率,进而实现系统工程中试飞任务安排全局最优的目标。

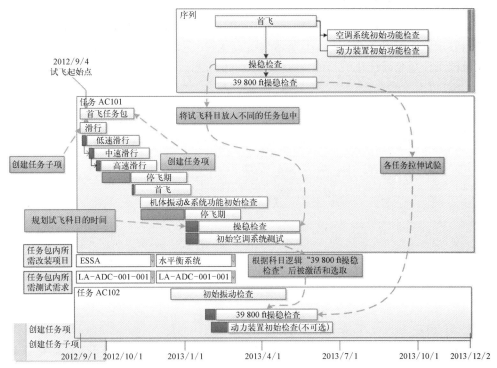

图 3‑4 科目计划的编制过程

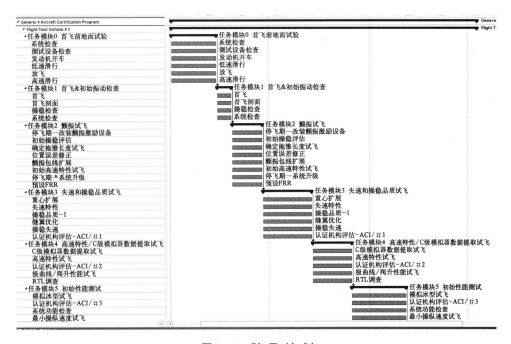

图 3‑5 科 目 计 划

3.2.2.4 全局优化

根据执行层级计划结果,对科目级计划的内容进行调整,以保证不同试飞机试飞内容之间的协调匹配,通过不断迭代的方式,压缩试飞计划的"气泡",以实现对项目试飞计划全局优化的目的,具体如图3-6所示。

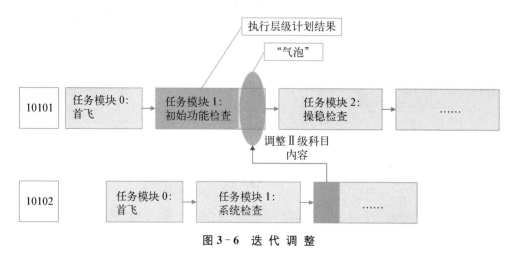

图3-6 迭代调整

在ARJ21-700飞机试飞的最初规划中,由于没有考虑全局优化,没有充分考虑各架机之间任务的调整和转移,未进行测试改装备份,导致影响试飞进度。

3.2.3 执行计划

减少试飞架次和缩短试验周期最为行之有效的方法就是在架次执行效率上下功夫,执行层级计划的重点就在于此。执行层级的计划是定义科目任务包中具体飞行剖面的过程,进行执行层级计划时应打破试飞科目之间的界限,以最有利的执行效率,将不同试飞科目的试验状态点组合到一个架次上执行,以保证试飞执行效率最高。进行执行层级计划时应充分考虑试验状态点的相似性和机组工作负荷情况。

ARJ21-700飞机101架机在2013年5月15日前需要完成54项试飞科目、总计152个试验点的试飞任务,原计划执行135个飞行架次,通过进行科目组合和合理规划试飞任务剖面的方式,采用了将试验点按不同重量重心构型打包试飞的方法,在遵循试飞科目前后逻辑顺序的前提下,将重量重心相近的试验点结合在同一任务单上,避免了多次调整重量重心的繁重工作量。从实际试飞结果来看,试飞任务单重新编排后,效果显著,仅用了44%的架次数量便完成了75%的试验状态点。

3.2.3.1 试飞任务剖面

一个典型的试飞任务剖面包括了起飞、爬升、巡航进入空域、按试验状态点建立姿态、按试飞动作执行任务⋯⋯下降、巡航返回机场、进近、着陆等内容,具体如图3-7所示。

为保证试飞任务剖面内任务执行时间在总飞行时间中的占比最大,即架次执

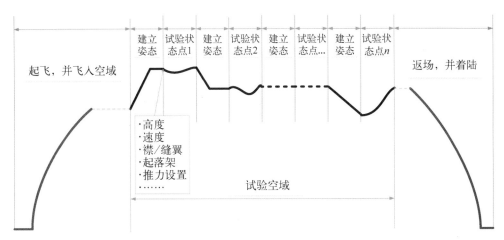

图 3-7 典型试飞任务剖面

行效率最高,需统筹考虑科目任务包内的试验状态点在各架次任务剖面内的合理排列组合。

一般而言,飞机在飞行过程中最为显著的变量是燃油量以及由于燃油量消耗所导致的重心变化(由于目前大部分试验飞机均改装有重心自动调配系统,飞机重心可通过该系统进行调配)。因此,对试飞任务剖面的优化又可以定义为单位油耗下的任务执行情况的比值。

1) 飞行油耗

飞机飞行过程中的油耗可根据试飞任务剖面中的滑行、起飞、爬升、下降、进近、着陆、按试验状态点建立姿态、按试飞动作执行任务等几部分构成。正常的滑行、起飞、爬升、下降、进近、着陆可按照类似于柔性制造系统(FMS)的性能计算数据获得,对于按试验状态点建立姿态和按试飞动作执行任务,主要使用估算数据或机组进行任务训练时的工程模拟器修正数据。

2) 工作负荷

工作负荷反映了试飞机组在执行试飞任务时的工作强度,过高的工作负荷会影响试飞任务的执行质量和安全,过低的工作负荷会降低试飞任务的执行效率,具体如表 3-2、图 3-8 所示。

表 3-2 工作负荷量化的评定方法

负荷过小	正常负荷	负荷过大	必须避免的
注意力下降 出现无聊情绪	负荷适中且稳定	持续高度紧张 大量复杂操作	无法承担

工作负荷量化的评定需统筹考虑机组能力、任务风险等级以及试飞程序复杂程度等多种复杂因素,目前相关试验状态点工作负荷的量化数据主要使用模拟器

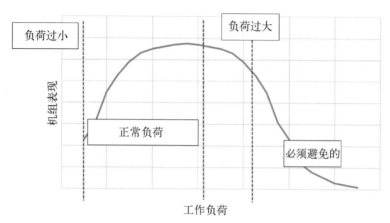

图 3-8 工作负荷对机组行为能力的影响

训练数据、经验数据和机组评估方式获得。

为保证试飞机组的较好表现,需首先定义不同负荷等级下工作负荷的具体数值范围和确定评估手段,然后结合试验状态点中所评估的任务工作载荷,确定机组工作负荷的变化曲线,并保证机组工作负荷曲线始终处于正常负荷范围内,对于不可避免的负荷过大,应提前告知机组并进行准备,如图 3-9 所示。

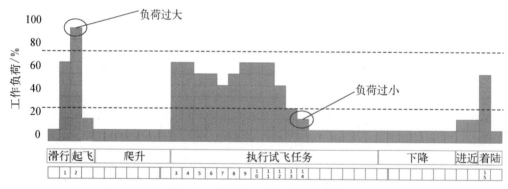

图 3-9 某架次工作负荷量化示例

通过建立标准的优化程序,采用分段实施的方式,将复杂的优化工作简化成不同的几个步骤,从而降低了优化工作的复杂度;同时,通过采用数学模型预测飞机执行任务时的实际状态,可极大地提高优化结果的正确性。

3) 状态点组合

由于状态点重组涉及试飞方法适用性、额外增加机组工作负担和增加试飞风险等,为保证试飞可执行性、结果有效性和飞行安全,状态点重组是非常谨慎的,需试飞设计人员和试飞机组在地面开展大量工作后方可在试飞中执行。相关典型示例如表 3-3 所示。

表 3-3 试验状态点重组示例

因　　素	状态点 1		状态点 2		组合状态点	
重量/kg	43 500	39 000	40 450	39 000	40 450	39 000
高度/ft①	14 500	15 500	14 500	15 500	14 500	15 500
速度/kn	175	185	170	190	175	185
重心/%MAC	3	10	任选	任选	3	10
襟/缝翼	F0		F0		F0	
起落架	Up		Up		Up	
推力设置	按需		按需		按需	
系统设置	无		无		无	
试飞方法	按形态配平飞机稳定平飞操作甚高频(VHF)与地面建立通信		按形态配平飞机稳定平飞关闭左 PACK 组件		按形态配平飞机稳定平飞正驾驶:操作 VHF 与地面建立通信;副驾驶:关闭左 PACK 组件	
评估工作负荷	2		2		重新评估	
风险等级评估	低		低		重新评估	

考虑具体试验状态点的自身属性,包括高度、速度、重量、重心、襟/缝翼、起落架、发动机推力设置、系统工作情况、状态点风险等级、试飞动作要求等内容,将试验状态点排列到试飞任务剖面中。

进行执行层级计划是根据覆盖所有试飞任务的完整试飞任务剖面集合进行统筹规划的,将涉及数以千计的试飞任务剖面的设计工作,且执行层级计划与科目层级计划之间又存在多轮次的迭代,必然需要进行多轮次的试飞任务剖面设计,便规划工作的工作量巨大且难以承受。因此,开发可自动生成试飞任务剖面并对其进行优化的优化算法和软件程序是进行执行层面计划和全局优化的必要手段(见图 3-10)。

3.2.3.2　任务剖面优化

试飞任务剖面的优化工作可理解为:将试验状态点定义为多维度空间中的若干个离散点,试飞任务单则是串联离散点的执行路径,在各种约束条件下,寻找串联任务包中所有试验状态点的最优路径的集合,如图 3-11 所示。

具体优化问题描述如下:给定 n 个试验状态点的集合$(1, 2, 3, \cdots, n)$和给定 m 个试飞任务单的集合$(1, 2, 3, \cdots, m)$,从 i 状态点过渡到 j 状态点的成本(油耗);目标是通过合理优化每个试飞任务单中试验状态点的执行路径,在试验状态点全部进入试飞任务单并满足所有约束的前提下,试飞任务单的数量最少和过渡油耗最低。

---

① ft:英制单位,1 ft=3.048×10⁻¹ m。

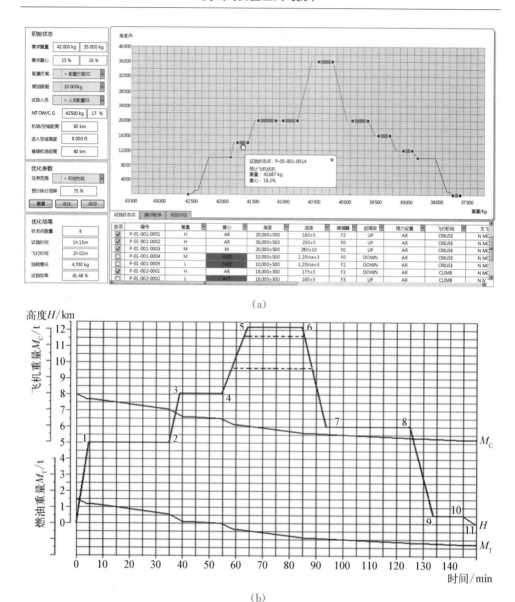

(a)

(b)

图 3 - 10 试飞任务剖面设计界面

由于此问题涉及多路径优化问题,一般采用启发式算法和遗传算法相结合的混合遗传算法,对每个新产生的后代在其进入下一代群体之前应用启发式算法求局部最优解,然后采用遗传算法进行全局最优点的探索。混合遗传算法总体框架如图 3-12 所示。

3.2.3.3 迭代和完善

根据执行层级的计划结果,对科目层级计划内容进行调整,以保证不同试飞机的试飞内容之间的协调匹配,通过迭代的方式,压缩科目层级计划的"气泡"以实现

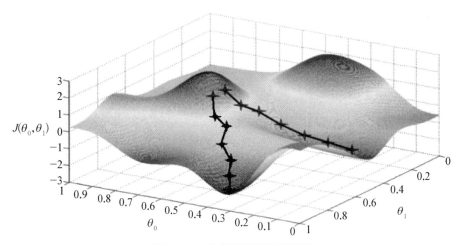

图 3‑11　多维度寻路问题模型

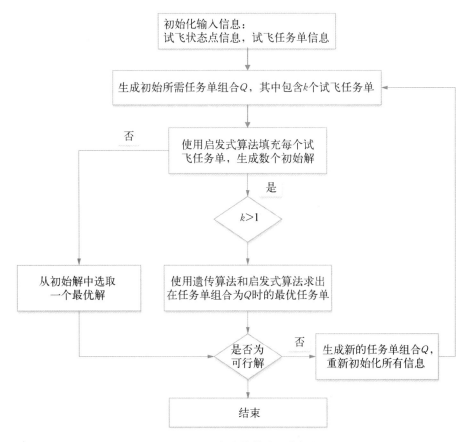

图 3‑12　混合遗传算法总体框架

对项目试飞计划全局优化的目标,并最终形成以试飞任务单为最小单元的试飞计划,如图 3－6 所示。

试飞计划作为项目研制计划中的组成部分,在型号研制进入试飞阶段后,所有工作都将围绕着试飞开展。因此,试飞计划应在试飞阶段作为项目研制的主线,将系统构型到位、地面试验、测试改装实施等工作内容衔接起来,以支持项目研制计划。

3.3　计划的动态管理

试飞计划的执行需要在试飞、设计、制造、试飞供应商等多方共同协作下方可有序地进行。因此,对所涉及的相关工作内容以及前置条件均需充分考虑,形成联动和并行。由于试飞过程中依然存在大量的不确定因素,导致计划中规划的试飞任务可能无法按期执行,为降低进度风险,对试飞计划的动态调整也是计划管理中的重要活动。计划的动态管理是根据整合数据评估试飞的可执行性后,通过识别技术或项目风险,确定关键路径,并以此为基础制订合理的调整计划以规避上述风险的发生。以下主要针对计划调整的思路进行阐述。

3.3.1　可执行性评估

计划的动态管理首先需要考虑试飞科目的可执行性评估。通过综合考虑各个因素对试飞科目的影响,来评估试飞科目的可执行性。

2013 年,根据 ARJ21－700 飞机的实际情况,试飞现场整理概括了影响试飞计划执行的因素有 5 大类 30 项。大致分类如下:构型到位类、技术准备类、资源保障类、运行保障类、证件审批类。这些因素及与研发试飞、表明符合性试飞、审定试飞的关系如表 3－4 所示。

表 3－4　影响民机试飞的因素

序　号	类　别	影　响　因　素	申请人研发试飞	申请人表明符合性试飞	局方审定试飞
1	构型到位	设计构型冻结		√	√
2		机上构型到位		√	√
3		测试改装构型	√	√	√
4	技术准备	试飞要求	√	√	√
5		试飞大纲	√	√	√
6		构型评估报告		√	√
7		试飞任务单	√	√	√
8		风险评估单		√	√
9		制造符合性检查		√	√

（续表）

序　号	类　别	影　响　因　素	申请人研发试飞	申请人表明符合性试飞	局方审定试飞
10	技术准备	放飞评审	√	√	√
11		申请人试飞结果确认			√
12	资源保障	申请人机组资源	√	√	√
13		局方机组资源			√
14		适航审查代表		√	√
15		地面监控资源	√	√	√
16		气象条件	√	√	√
17		空域条件	√	√	√
18		场务保障	√	√	√
19		备件保障	√	√	√
20		地面厂房资源	√	√	√
21	运行保障	飞机本体故障	√	√	√
22		机载测试设备故障	√	√	√
23		地面测试设备故障	√	√	√
24		测试设备拆校	√	√	√
25		技术问题	√	√	√
26		定检维护	√	√	√
27		飞机参数调整	√	√	√
28		安全整顿	√	√	√
29		节假日	√	√	√
30	证件审批	三证申请（特许飞行证、无线电执照、国籍登记证）	√	√	√

　　影响试飞现场运行的因素多、变化快、情况复杂，统筹难度大，任何一个因素不到位，都会导致无法申报计划，或已申报的计划无法执行。

　　在 2013 年 ARJ21－700 飞机进行大强度试飞期间，影响最大的两个因素是气象条件和综合工作计划安排得不合理（主要体现在飞机和测试构型未按计划到位、资源保障与试飞工作的不匹配等方面），而且这两个因素出现了相互作用的现象。2013 年 4 月 10 日至 4 月 23 日，此段时间正值春季，阎良机场温度多变、气流不稳定、风速较大，不利于执行对风速有较高要求的试飞科目（如最小离地速度 3 m/s、加速停止距离 3 m/s、着陆距离 3 m/s、最大可用速率抬前轮 2.5 m/s、误操作起飞 2.5 m/s)。而由于当时计划安排考虑不周,对试飞科目的可执行性评估不到位,且部分备份计划对气象条件的要求与主计划相似,以致灵活性不够,降低了计划执行率。

3.3.2　计划调整

试飞过程中,各种原因都可能导致试飞计划的任务内容无法按节点执行,因此,计划可灵活调整和备份计划的适用性将成为影响试飞进度的重要因素。

2013 年 4 月 10 日至 4 月 23 日,ARJ21 - 700 飞机计划进行跑道试验(其中主计划为最小离地速度试飞,备份计划为加速停止距离、着陆距离、最大可用速率抬前轮、误操作起飞等),上述试验内容均对地面气象环境(尤其是风向和风速)有较为严苛的要求,导致该时间段内的 6 天飞行计划被撤销,3 天飞行计划被部分撤销,其中最小离地速度试飞重复申报计划 49 架次,实际执行 9 架次,任务执行率不足 20%。

参考文献

［1］　严子焜,郭博智,Ding Zhong tao.民用飞机飞行试验任务优化技术研究与实现[J].民用飞机设计与研究,2014(3): 12 - 16.

4 试飞技术准备

试飞技术准备主要包括试飞需求确定、试飞任务设计、测试改装设计和试飞实施准备4个部分。

4.1 试飞需求确定

4.1.1 审定试飞需求

飞机研制的适航审定按产品生命周期将审定过程划分为概念设计阶段、要求确定阶段、符合性计划制定阶段、计划实施阶段和证后管理阶段。在前三个阶段申请人需要与局方确定审定基础,明确整个型号的审定依据。例如,ARJ21-700飞机型号合格审定基础由 CCAR-25 部适用的适航标准、环境保护要求,以及专用条件、等效安全和经批准的豁免组成。随着适航审定工作的深入,适用的专用条件、等效安全和豁免会有一些变化甚至增减,需要形成相对应的问题纪要。同时,开展对各条款的合格审定计划(CP)编制和讨论,工程设计在考虑各专业技术方案并在与各方协调的基础上,提出各专业的适用条款及相应的符合性方法建议,经审查组批准后作为制订型号合格审定大纲及确定符合性验证试验项目的依据。其中第6类符合性验证方法(MOC6)即是采用飞行试验验证。

4.1.2 研发试飞需求

研发试飞包括基础技术研究试飞和演示验证试飞、试飞技术摸索、系统调参、系统软件升级及飞行中出现故障的排除等;除此之外,一些新的航空理论、原理和基础技术需要通过试飞来验证,这也是研发试飞需求的来源之一。还有与型号直接相关的一些产品的供应商数据需求也需要通过试飞获得,包括飞行模拟器数据的提取等。

研发试飞几乎贯穿在型号的整个试飞过程中,不同阶段侧重点不同。一个新机型在首飞后,初期进行的研发试飞主要是为了熟悉飞机各系统的功能、探索飞机本身的性能及操控品质,同时为构型完善提供数据。ARJ21-700飞机从2008年11月28日首飞到2014年12月16日完成取证前的全部试飞,期间累计共完成了各类研发试飞1 288个飞行架次,占总试飞任务量的43.8%。

4.1.3 试飞要求

试飞需求确定后,设计单位开始向试飞实施单位发出具体的试飞要求。根据试飞任务来源不同,试飞要求也分为审定试飞要求和研发试飞要求两种。试飞要求可以按科目发,也可根据不同来源将要求合并发布。试飞要求作为开展试飞工作的顶层技术文件,是编写试飞大纲(详见本章 4.2 相关的试飞任务设计)、编制试飞计划、制订测试方案、开展改装工作的输入条件和技术依据。

对应研发试飞需求和审定试飞需求,试飞要求分为研发试飞要求和审定试飞要求,其中研发试飞要求定义了申请人为冻结飞机/系统构型、校验研发模型和理论计算分析手段或结果合理性、经济性/舒适性等非适航要求技术指标验证等相关试飞需求内容;审定试飞要求与审定计划中的 MOC6 项目之间关联,用以表明飞机/系统对相关适航条款的符合性,所形成的试飞数据资料报告将供审查方对其进行可接受性审查。

试飞要求明确需求阶段要确定的试飞内容是试飞工作开展的基础,试飞要求也会根据制造商对条款或者局方的要求进行更新。试飞要求一般应包含以下内容:试飞科目名称、试飞目的、验证条款(按需)、试飞条件、试飞内容、试飞方法、测试参数、改装要求、构型要求、可接受判据以及试飞结果要求等,如试飞科目可能对飞机结构、系统造成影响,则要增加每架次试飞后的相关结构、系统的检查。

1) 试飞对象

对试飞对象(系统或飞机)进行针对性的简要描述,简述试飞对象的主要设计架构、工作原理、性能和技术指标等内容,并明确描述上述内容的依据性文件编号和名称。

2) 试飞目的

试飞目的分为初始检查、调参、需求确认、数据获取、故障排查等。

(1) 初始检查:飞机/系统集成后的初始功能性检查,应明确检查的主要功能对象(具体功能按系统功能定义文件中的系统功能进行描述并保持一致),初始功能检查以检查相关功能的实现情况、对应接口功能所提供信息或资源的正确性等为目的。

(2) 调参:需采用真实飞行数据作为飞机/系统研发输入或依据的内容(具体功能按系统功能定义文件中的系统功能进行描述并保持一致)。

(3) 需求确认:对于难以采用追溯性、分析、建模、地面试验、相似性或工程评估方法进行的需求确认内容,需要通过试飞确认。如×××功能——升降舵命令到舵面运动的指令阈值;×××功能——水平安定面作动器在全舵面行程内的工作载荷等。

(4) 数据获取:用以获取真实飞机/系统性能数据、支持理论分析手段合理性或模型正确性的内容,如模拟机数据提取。

(5) 故障排查:其试飞目的可分为故障排查、构型更改确认检查等内容。

3) 试飞条件

试飞条件是指进行此项试飞项目应具备的各种条件,包括试飞机的构型要求、执行所需的环境要求、资源要求前置条件以及其他要求 5 部分内容。

（1）构型要求：构型要求是为保证试飞项目结果有效性，试飞飞机所必要的飞机/系统装机要求，包括对飞机本体要求和试验件要求。

飞机本体：明确执行此项试飞项目所必要的系统，如气源系统、动力装置、APU、气动外形等。

试验件：明确执行此项试飞项目所需的试验件。

（2）环境要求：环境要求包括对机场、跑道、气象（风速、风向、温度、湿度、雨、雪、雾、云、闪电、结冰、沙尘和气流等气象条件）、噪声要求、地面设施、航路、空管、空域等其他特定要求。对于所有特定的环境要求，应采用规范的格式提供量化的数据，如"高原机场（海拔高度＞4 560 ft）、高温（ISA[①]＋25℃）"；机场/跑道，如"高原机场（海拔高度＞4 560 ft）、湿跑道"等；气象，如"热天，＞ISA＋25℃""小雨，降雨量≤10 mm"等。

（3）资源要求：目标机、航路、空管、空域、地面设施（如"CAT Ⅱ助航设施"）等特殊要求。

（4）前置条件：为保证试飞项目可执行和结果有效所必须提前执行的工作项/活动，如经确认的 VSR、经确认的有利爬升速度、经调定的平飞推力、系统机上试验程序（OATP）等。

（5）其他要求：所需的其他要求，如"由两组不同的机组重复试飞项目、冷刹车、低温浸透等。"

4）试飞内容

在试飞内容中提供试飞项目所需的试验形态和试飞方法。对于试验形态中未明确但需对特定的系统/设备进行操作的内容，统一写入试飞方法中。

（1）试验形态：试验形态指飞机建立试飞姿态所需的必要信息，包括飞行高度、飞行速度、重量、重心、襟/缝翼位置、起落架状态、推力等。

（2）试飞方法：试飞方法是在飞机完成试验姿态的建立后，机组所进行的飞行动作和飞机/系统操作等内容，包括要求机组进行的采集或记录数据的动作指令，应明确机组执行上述动作时的允差范围，如按试验内容中某一试验点建立试验状态，操作飞机至"最大燃油不平衡状态""关闭左 PACK""按状态点 2 建立试验状态，按（1±0.5）kn/s 减速率减速，至（240±2）kn""俯冲至（20 000±1 000）ft""试验过程中检查并记录××系统工作情况""飞行过程中记录数据"等[3]。

在给出试飞方法时应明确试飞方法的来源，如标准、规范等。

5）测试参数

提出完成此项目需记录的所有测试参数，包括空中和地面的所有参试设备的记录要求。并给出需要测试的参数名称、测量范围（容差范围）、精度和采样率等

---

① ISA：国际标准大气，为大气压力和温度的通用参照标准，标准温度为 15℃。

信息。

6）特殊改装要求

特殊改装要求（按需）明确执行此项试飞项目所必需的特殊改装设备，这类改装通常是临时的，试飞时加装，待试飞项目完成则拆除。典型的特殊改装要求如故障模拟设备、专用调参设备、模拟冰型、颤振激励装置、简易拖锥装置等。

4.2　试飞任务设计

4.2.1　试飞大纲

试飞大纲由试飞实施单位根据试飞要求编制，其与试飞要求内容基本一致，是指导试飞实施单位的各项工作的顶层依据。与试飞要求类似，试飞大纲根据试飞目的不同分为研发试飞大纲和型号合格审定试飞大纲，研发试飞大纲是研发试飞的依据，型号合格审定试飞大纲是表明符合性研发试飞和审定试飞的依据。

ARJ21-700 飞机试飞过程中，审查方以试飞大纲作为申请人的试飞依据，审定试飞前大纲必须得到审查代表的批准。如发现已批准的大纲在执行过程中存在不合理的地方且试飞还未进行，则需修改试飞大纲同时提交审查方重新进行批准；如在试飞过程中发现，则需与局方随时进行沟通，即使发现的问题不影响条款的符合性验证，也需要向审查方提交说明报告。

4.2.2　风险评估单

风险等级评估是根据风险发生的概率以及风险所造成的损害程度来确定的，为最大限度地降低试飞安全风险，所有试飞科目均需要进行风险评估，并形成风险评估单。

每个科目在执行前必须由风险评估委员会对其进行风险评估，给出每个科目的风险等级，如高风险科目、中等风险科目及低等风险科目。对于高风险和中等风险科目，应该制订相应的降风险措施及意外情况处置预案，每个科目的风险评估单都必须提交局方试飞员，由其对此进行认可和备案。科目风险评估的详细内容见13章。

4.3　测试改装设计

4.3.1　测试改装的作用和意义

试飞是飞机在实际飞行环境中有目的性的飞行，试飞的直接目的是通过飞行获得大量定性、定量的信息和数据，定性数据的获取主要依赖于飞行员的主观感受和评价，而定量数据的获取则需要依赖测试改装设备。测试改装的主要作用如下：

（1）测试改装所获得的数据用于确定和验证飞机及其系统的功能和性能、故障分析和定位等。

（2）测试改装中的遥测、机上实时监控和地面实时监控系统可以保证工程人员及时掌握飞机的实际状态和试飞动作的有效性,并通过通信系统与飞行员实时沟通与交流。因此,测试改装也是提高科目完成质量、保证试飞安全的重要手段。

4.3.2 测试改装分类

测试改装是指测试设备在飞机上的安装和对飞机结构、测试对象进行局部更改。测试改装可分为架内改装和架外改装。

架内改装是指在飞机封铆区和不易接近区域进行测试设备及其线束的安装和布置工作。架内改装一般在飞机详细设计阶段开始设计,在飞机的大部件制造和装配阶段进行机上实施,属于飞机的制造周期。主要的架内改装有:液压管路、大气机的全压及静压管路改装设计与实施;总线信号及开关量信号测试接口设计(如增加测试模块,其安装位置要具有架外良好的可操作性)与测试模块的安装;测试电缆敷设路径设计与实施;各类传感器及天线安装部位的结构设计(包括开孔加强、支架设计、转接板设计等)与实施。

架外改装是指除架内改装以外的其他改装工作。一般是在零部件制造完成及大部件(机头、机身、机翼、尾翼)对接之后进行机上实施。如记录器、采集器、传感器的测试设备的加装,关联测试电缆的敷设,供应商对其所提供机载设备的改装等。ARJ21-700飞机典型的架外改装有:拖锥、光电经纬仪、载荷传感器的加装和采集、排液喷射系统、空中应急离机系统、水配重系统、结冰探测器等。

测试改装工作在飞机整个试飞工作中占很大比重。在制订试飞计划的时候,应留有充足的测试改装时间。根据试飞任务要求,很多科目需要在试飞开始前进行测试改装工作,试验结束后又需要拆除,再加上传感器的校验和测试改装项目的定期检查和维护,使得测试改装工作成为试飞阶段飞机地面工作中较为重要的项目之一,工作量较大,占用时间较长。

4.3.3 测试任务书

按照试飞总方案所确定的参与试飞的飞机数量及各架机分工及备份关系,以及各研制架机所承担的试飞任务、备份任务及保障试飞安全的需求,每架机需确定测试任务书。试飞总方案和试飞要求是制订各架机测试任务书的依据,根据确定的项目的统筹决策,确定一个新型号试飞测试任务书是测试方案的基础及顶层要求,测试任务书来源于试飞要求对参数的测试需求和为了保障飞机安全的监控需求,以及排故需求。

按照测试任务书的要求,在每架试飞机上测试改装的设计实施,用于实现试飞测试需求。每架机的测试任务书都会根据分配的不同任务给出不同的测试要求。通常测试任务书包括 4 部分内容。

1) 测试系统技术要求[1]

(1) 传感器均需进行实验室或机上地面动、静态校准,并按需给出传感器的动态特性。

（2）测试系统对参数测量造成的时间延迟和误差应满足相关参数的要求。

（3）系统经过联试后，测试系统性能可靠，满足参数表中提出的精度要求。

（4）实时记录试飞数据，经预处理将码值转换成物理量后提交相关专业进行二次处理。

（5）按要求进行遥测，遥测传输中的误码率应符合相关技术标准要求。

2）内部测量参数的测试要求

内部测量参数的测试要求包括：

（1）测试设备在机上的安装应满足试飞科目测试参数的需求，所需测量传感器具体安装位置与设计、制造、供应商等单位协调后确定。

（2）飞机机体过载传感器安装要尽量靠近重心，其测量轴与飞机相应轴水平方向不平行度应小于 $0.5°$，与垂直方向不平行度应小于 $0.1°$。

（3）角速度传感器与飞机相应轴的不平行度应小于 $0.25°$。

（4）惯性基准传感器、角速度传感器、过载传感器应与飞机刚性连接。

（5）载荷、线位移传感器的安装与飞机刚性连接，且保持线性测量。

（6）振动加速度传感器与飞机刚性连接。

3）数据处理要求

数据处理要求通常包括：

（1）用机载数据采集记录系统实时采集记录数据，飞行结束后在地面将记录数据转换成物理量，进行二次处理计算。

（2）机载视频系统实时采集记录相关视频，按要求遥测传输视频信号至地面。

（3）按要求进行遥测数据处理。

（4）按要求对综合显示器显示参数进行实时处理和显示。

4）测试参数表

给出每架机的测试参数表，以表格形式列出加装、抽引类参数，驾驶舱综合显示器显示参数，视频参数，外部测量参数，需采集数据的总线清单以及总线参数明细表。

4.3.4　测试方案

测试方案是指导试验飞机测试系统开发和实施的技术依据性文件。试飞测试改装方案主要包括传感器安装配置、数据采集、记录、数据遥测发射、机上实时监控和地面遥测接收等内容。

测试系统主要由机载数据采集和监控系统、地面数据采集和监控系统、外部参数测量系统和特殊参数测量系统 4 部分构成。根据试飞要求，各试飞科目对试验数据的需求（用于飞机研发过程中的故障排查和设计完善及形成条款符合性数据资料等）和执行飞行时的监控和保障安全的需求（试验状态监控和试验安全监控参数等）等内容，形成各架试验飞机的测试方案，用于进行测试系统的设计和开发。

试飞测试设备,通常包括传感器及其标校设备,采集器和记录器,射频、视频和音频的采集与记录,遥测、机上实时监控和地面实时监控,外部参数(轨迹)测量等。对于人机工程科目还需要一些能够测量人体变化特征的设备。

随着航空科技的发展,大量新技术、新工艺和新设备的应用,飞机系统日趋复杂,导致试飞测试需求成倍增长,进而加大了测试系统的设计难度。各试飞机构对测试系统的设计工作极为重视,空客的法国图卢兹试飞控制中心作为承担空客公司各型飞机试飞工作的主要基地,具备对机上3 000余种试验数据进行实时传输的能力,试飞控制中心的遥测系统作用距离远达350 km,作用高度高达12 190 m,具备同时对多架飞机进行实时监控的能力;A380飞机上安装了多种试验仪器,并使用大型网络化设计方案,能够实现单架机20 000个试验参数的采集和记录。ARJ21 - 700飞机103架机单机测试参数也超过了8 000个。

4.3.5　改装方案及实施

改装方案是试验飞机进行改装实施的技术依据性文件,可分为信号抽引、测试设备加装和特殊改装3部分内容。

信号抽引是指对测试接口和测试接口到测试设备的信号抽引的定义;测试设备加装是指对各种加速度传感器、温度传感器以及压力传感器等测试设备的定义;特殊改装是指为满足特殊试验科目所需的专用设备或装置,如颤振激励设备、故障模拟设备、拖锥、前支杆、水配重系统、应急离机系统和失速改出伞等。

改装工作依据应符合以下要求:

(1)测试设备的选型,应满足试飞要求的测试范围和测量精度要求;测试设备应能承受飞机在整个飞行验证期间所遇到的各种环境条件,如振动、冲击、温度、湿度等。

(2)试飞改装设计应满足测试技术要求,并便于使用、维护与飞机恢复。

(3)试飞改装设计全过程应进行质量控制。

试验飞机改装阶段是指飞机制造单位和试飞单位根据改装图纸进行改装实施工作的阶段。

4.4　试飞实施准备

4.4.1　构型评估报告[2]

按适航要求,在局方正式签发TIA前,相关试飞机和系统构型状态应当冻结或接近最终冻结状态。由于在试飞和试验中还会不断暴露新的问题和测试改装等原因,上述要求在实际试飞过程中无法完全达到。ARJ21 - 700飞机试飞中,使用试飞构型评估报告向审查方说明科目的相关试飞机和系统构型能否满足科目开展要求和当前的构型偏离情况(如存在)对科目是否存在影响。构型评估报告将确认构型偏离情况对试飞科目的影响和评估结论。明确是否满足试飞科目开展的结论,明确当前构型下开展本科目的安全性结论。

4.4.2　试飞任务单

试飞任务单是每次执行飞行任务的具体工作指令。任务单根据试飞大纲编制,包括了飞行试验开展所需的各类信息,如:试验科目名称、飞机构型、飞行限制、气象要求、测试改装、试飞方法和步骤、任务剖面、限制及约束、试飞动作允差、风险等级、安全措施、GO和NO‐GO判据、试飞员评述和制造符合性检查(如适用)等。

4.4.3　其他

在试飞科目执行前还应该完成以下工作:

1) 特许飞行证获取

为了保证试飞安全,申请人在试飞机上进行研究和发展性飞行试验前,必须取得第一类特许飞行证。申请人应按《民用航空器适航证和特许飞行证的管理和颁发程序(AP‐21‐05)》的有关要求向适航司申请颁发第一类特许飞行证。

2) 制造符合性检查

在验证试验前,申请人向审查组提交制造符合性声明;制造检查代表按工程审查代表发出的制造符合性请求单(CAAC表AAC‐121)对试验产品进行检查,同时还应检查试验产品的安装、试验设备和人员资格等;试验产品从已表明符合型号设计至提交验证试验这一段时间内如有任何更改,则需重报审查组批准和进行制造符合性检查。

3) 局方审查代表目击

在审定试飞前应该与工程审查代表进行充分沟通,确定其是否对整个试飞试验过程进行目击,在观察验证试验过程中,要核查试验是否遵循了经批准的试验大纲中所规定的试验步骤,而且试验仪器在试验中采集的数据对于试验是否有效。如果试验持续时间很长,则现场观察的审查代表至少应目击试验中最需要的或最关键的部分,并进行试验后的检查。当负责试验项目的工程审查代表(包括试飞员)不能目击试验时,应填写制造符合性请求单委托其他有资格的工程代表或工程委任代表(DER),或请求制造检查代表代替其目击试验。当制造检查代表或委任代表目击试验时,负责试验项目的工程代表应向他们提供关于试验大纲的适当说明和参考文件。试验结束后,在现场观察的审查代表应写出试验观察报告,简述试验结果和发现的问题以及申请人的处理措施。

4.4.4　试飞限制与补充操作程序

试飞限制是指根据试飞机的软、硬件构型状态、飞机手册和应急处置文件、飞行包线扩展的试飞进展、试飞环境条件等因素提出的飞行限制。对于部分超出飞机包线的试飞内容,则需编制相应的补充操作程序。试飞限制与补充操作程序是对型号飞行手册和机组操作程序的补充和特定操作,与型号飞行手册、机组操作程序一起构成完整的试飞期间试飞机组应遵循的使用限制、操作程序、性能资料,供试飞机组使用。

试飞限制与补充操作程序是针对特定试飞机的补充操作信息,与试飞机的实际状态关联,文件单机有效。

试飞限制与补充操作程序使用原则:

(1)试飞限制与补充操作程序仅限于型号试飞时使用。

(2)试飞限制与补充操作程序所涉及内容仅限于试飞机组操作飞机时所需的相关数据和信息。

(3)试飞限制与补充操作程序如与型号飞行手册、型号机组操作手册等机组操作类手册之间存在内容冲突,应以试飞限制与补充操作程序为准。

4.4.4.1　试飞限制

1)试飞限制内容

试飞限制包括一般限制和系统限制两部分内容。

(1)一般限制是指与机组操作相关的一般性限制,主要包括气象限制(风向、风速、云高、能见度、降雨、结冰)、重量和重心限制、空速限制、高度限制、机动载荷限制、坡度限制等。

由于飞机开始试飞时飞机的真实性能、操稳情况还没有完全掌握,飞机的除雨、除冰还没有得到考核,应尽量在气象条件相对好的时间段进行试飞,因而需要对气象条件给出限制,如规定好风向、风速、云高、能见度这些气象参数,禁止在雨天和尽量避免在结冰区进行飞行。

重量限制包括最大起飞重量和最大着陆重量,如果地面全机静力试验仅完成100％限制载荷试验,则最大起飞和着陆重量只能取设计值的67％;随着全机静力试验100％极限载荷试验的完成,可逐步扩展,但必须是从飞机基本构型和基本状态试飞开始进行。如果起飞后飞机出现故障或因天气原因必须提前返场着陆,则只要条件许可,即可通过空中应急放油满足着陆重量的要求。在最大着陆重量试飞时,对飞机着陆下沉速度必须有限制,一旦超过限制则必须进行飞行后相关维护检查。

对于每一种民用飞机在飞机飞行手册中都给出了最大速度、最小速度、最大高度限制包线,在最大包线演示完成之前,应根据不同试飞科目设置临时限制包线,给出这些限制包线的依据应该是飞控系统工作模态、发动机特性、系统特性等,同时也应考虑由于试飞实施限制给出的临时边界。

在全机静力试验2.5载荷情况未完成100％极限载荷试验时,对飞行中的法向过载要进行限制,根据试验完成的情况给出全机重心处过载限定值。

(2)系统限制是指与机组操作相关的,由于系统/设备试飞试验未全部完成、故障或功能不完善等原因所导致的系统/设备的、功能限定或功能缺失、降级或不具备使用条件,而对系统使用进行临时性限制。

2)试飞限制编制要求

每项限制中均应明确对应限制内容、限制原因、偏离说明等。

（1）限制内容。描述临时性使用限制和特殊操作说明的具体内容，包括标题、对应美国航空运输协会（ATA）章节、内容、设计目标等信息。

（2）限制原因。明确产生此项临时性使用限制和特殊操作说明的关联性信息、原因以及评估结果等内容。关联性信息是指该项限制所对应的系统功能、需求定义内容；产生限制的具体原因应具有明确的指向性，如"×××试验未完成""××系统故障""×××设备未装机"等；同时明确所制订限制已完成相应的评估并给出评估结论。

（3）偏离说明。试飞限制与型号飞行手册和机组操作手册内容存在冲突时，明确型号飞行手册、机组操作手册等机组操作类手册中数据或程序的适用性。

4.4.4.2 补充操作程序

补充操作程序是对机组操作手册的补充，是试飞机组成员安全操作飞机的主要技术文件之一，属于机组应随机携带的重要技术资料之一。

试飞补充操作手册是试飞期间供试飞机组使用的技术文件，是对机组操作手册的补充，试飞补充操作手册中的内容应是试飞机组工作范围内的项目，不包含与机组操作无关的内容。

试飞补充操作程序通常包括补充正常程序、补充非正常/应急程序。

1）补充正常程序

补充正常程序是指试飞期间，因系统/设备缺失、功能故障或相关试验未完成而要求机组采取的临时性特殊操作和注意事项。这里的操作主要是根据试飞期间的飞机状态对飞机飞行机组操作手册正常程序的临时性修改和补充，属于试飞期间应遵循的正常操作程序。补充正常程序按机组操作手册（试飞用）中正常程序所列飞行阶段编写。

补充正常程序按相应机型机组操作手册正常程序所列飞行阶段编写，即：外部检查—初始驾驶舱准备—驾驶舱准备—推出或起动前—发动机起动—起动后—滑行—起飞前—起飞—爬升和巡航—下降—进近—着陆—复飞—着陆后—发动机关车—离开飞机等阶段。在相关的飞行阶段填写适用的补充内容，若某阶段无补充内容则该飞行阶段不必列出。补充正常程序按机组检查单的形式编写，即以检查单的形式列出相关的操作。

2）补充非正常/应急程序

补充非正常/应急程序是指试飞期间，因系统/设备缺失、功能故障或相关试验未完成而要求机组采取的临时性特殊操作和注意事项。这里的操作包含了与系统失效或故障相关的但不属于正常程序的内容。需要注意的是这里的操作程序与飞行机组操作手册里的非正常/应急程序是不一样的。机组操作手册里的非正常/应急程序是假设在出现故障前飞机系统是正常的，是用于系统故障后的纠偏操作。补充非正常/应急程序是临时的试飞用的特殊操作，这类操作是因试飞阶段飞机系统/设备缺失、偏离设计预期功能而要求机组采取的有别于机组操作手册里的操作程序。

补充非正常/应急程序中各程序的先后排序按照以下原则进行：

(1) 分两种：① 无信号显示程序；② 有信号显示程序。

(2) 同一 ATA 章节内的程序,按照发动机指示和机组告警系统(EICAS)告警级别排序,即 WARNING—CAUTION—ADVISORY,同一告警级别的程序,按 EICAS 信息中的首字母先后顺序编排。

注：无信号显示程序指与 EICAS 信息无关,但是与飞机当时状态相关的程序；有信号显示程序指与 EICAS 信息相关的程序。补充非正常/应急程序按相应机型机组检查单的形式编写,即以检查单的形式列出相关的操作,用词应简洁、准确,不应包括解释性的语言。

参考文献

［1］　周自全.飞行试验工程[M].北京：航空工业出版社,2010.

［2］　CAAC.民用航空产品和零部件合格审定规则(CCAR‑21‑R3)[S].2007.

5 首 飞

2008 年 11 月 28 日,ARJ21 - 700 飞机在上海首飞成功,这是一个具有里程碑意义的时刻,它标志着 ARJ21 - 700 飞机从地面试验阶段走向空中飞行试验阶段。

首飞是指新飞机在工厂装配完成以后的第一次飞行,它在型号试飞过程中具有重要的意义。在技术上,一架现代新型飞机代表着许多新技术的综合,首飞是对这些新技术的首次空中考验,首要的考验便是保证飞行安全。研制新型飞机的投入巨大,往往获得了各方面的关注,因而保证进度要求十分重要,而首飞作为一项具有里程碑式的标志性事件,它的时间节点以及成功与否显得尤为重要。

为实现飞机的成功首飞和安全首飞,首飞前需精心开展大量的准备工作,包括飞机准备、状态清理、试飞资源安排、机组训练等工作内容。首飞前应完成必要的地面试验和滑行试验,以确保在预期的限制条件下飞机机身强度满足要求和各主要系统功能正常;首飞机组根据首飞任务进行针对性的训练,掌握飞机设计和驾驶特点,熟悉首飞任务剖面和特情处置措施;同时为保证空地协同,通过必要的测试改装实现对飞机状态的实时监控也是保证首飞安全的必要手段。

5.1 测试改装

首飞前的测试改装任务以保证首飞过程中必要的飞机状态监控为主要目标,包括必要的飞行参数数据(如飞行速度、高度、迎角、襟翼位置、三向过载、姿态角等)、机体结构监控数据(如关键部件的振动、应变等)、主要系统工作状态数据(如发动机、燃油、刹车、液压、起落架、主飞控、高升力、环控状态参数)、机组操作数据、机组告警信息重构以及简图页重构等。除此以外,测试改装应该包括必要的系统/子系统部件层级工作状态参数,以支持滑行试验期间的飞机/系统状态确认和故障排查。

就飞机状态实时监控而言,飞机上安装有用于向地面监控大厅传输试飞数据的机载遥测系统,该系统向地面监控系统传输飞机实时状态数据,由地面监控系统进行实时解析,形成监控画面,帮助地面监控人员更为清晰地了解飞机/系统状态、飞行情况、机组操作情况等内容,以支持地面监控人员向飞行机组提供技术支持。

监控页面根据系统灵活配置,一般主要包括主任务页面、主飞控页面、动力燃油页面和航电页面等系统页面以及机体结构监控页面等。

1）主任务页面

主任务页面包括飞行航迹、空速、高度、飞机迎角、飞行姿态、襟/缝翼位置、起落架位置、燃油油量、发动机转速、过载、机组告警信息等数据,用于监控人员确认执行情况和总体把控飞机飞行状态。

2）系统页面

系统页面包括除必要飞行参数以外的系统状态数据,如监控的部件失效状态数据、关键的接收和发送指令数据等,该部分内容用于监控人员确认系统工作状态和为机组提供技术支持。

3）机体结构监控页面

机体结构监控页面包括除必要飞行参数以外的飞机机体状态数据,如关键部段或部件的振动数据、载荷应变情况等,该部分内容用于监控人员向机组提供与机体结构相关的预警。

5.2　地面试验

为保证和确认飞机状态,新型号飞机首飞前需要完成大量必需的地面试验,主要包括试飞测试系统联试试验、地面振动试验、飞控系统机上地面试验、结构模态耦合试验、电磁兼容性试验、起落架收放试验和航电系统地面试验等。

ARJ21‐700飞机在首飞前按计划完成了上述地面试验,保障了首飞的安全顺利进行。

5.2.1　试飞测试系统联试试验

测试系统联试试验主要包括各个测试系统的校准试验,如迎角校准,舵面校准,动、静压校准和过载校准等;测试系统与飞机系统联试试验,包括与飞控、发动机、航电、液压、燃油、电源和环控等系统联试;机载测试系统与地面监控系统的联试试验,首先是进行机上与地面系统的端对端检查和校准,检查地面监控和记录参数的正确性,检查和校准各种参数的类型和值,尤其是飞控和航电系统总线的连接,之后通过飞机的其他地面试验,检查飞机上各个系统的性能和功能,以及它们与地面监控画面显示的正确性和有效性。在所有的飞机地面试验过程中都要尽可能地接通和运行测试系统。通过测试系统地面联试试验,确保测试系统采集、记录和遥测发射的正确性,测试系统与飞机的兼容性,机载系统与地面监控系统的协调性和有效性。

5.2.2　地面振动试验

地面振动试验的主要目的是确定飞机在地面条件(即飞行高度和飞行速度为零)下飞机结构的振动特性,给出比较准确的颤振预测模态数据,修正飞机颤振计算模型。全机地面振动试验包括机身、机翼、垂尾、各操纵面以及横向、纵向和航向各种结构模态的激励,根据需要全机激励可能包括很多种构型状态。全机地面振动试验中激振力、构型、激振频率和激振点的分布位置应当根据飞机设计中颤振的计算结果来确定。一般是采用有限元计算模型和地面振动试验相结合的方法,即按照有限元计算模型选择激励的方案,再根据地面振动试验结果来对有限元模型进行修正,最后用修正后的有限元模型来计算更大范围的振动模态特性,扩展地面振动试验的结果。在进行地面振动试验过程中,应当首先检查测试改装的各个振动传感器的数据采集、记录的正确性。

5.2.3　飞控系统机上地面试验

飞控系统机上地面试验包括飞控系统功能检查和飞控系统的人机闭环试验,在铁鸟试验的基础上,通过机上地面试验进一步确认主飞控系统在预期真实环境下的正确性和适应性。

1）飞控系统功能检查

飞控系统功能检查实质上是将铁鸟试验在飞机上进行重复。飞机上的试验用于检查首飞前飞机所确定的飞控状态,具体试验内容包括系统布局是否正确、飞控系统机上工作的稳定性、控制模态转换逻辑的正确性转换瞬态指标的符合性以及飞控系统与其他机载系统(如液压、电源、航电和试飞测试改装等)交联的正确性。

2）飞控系统的人机闭环试验

飞控系统的人机闭环试验是飞机进入试飞阶段前最后的飞行品质检查,起到把关的作用。它利用真实飞机上的飞控系统和飞机运动的数学模型,通过让试飞员进行地面模拟飞行,以检查人机闭环飞行品质,同时还可以让试飞员熟悉飞机的操纵。试验通常有两种方法,一种是人在机上地面闭环操纵试验,即将飞机飞控系统与外场专用试验设备相连,在飞机座舱前安装有飞行参数和图像显示屏,试飞员可以按首飞飞行剖面和飞行动作进行操纵和试验,对首飞飞行品质进行评价,对首飞试飞大纲进行评定;另一种是在环地面模拟试验,它的原理与第一种方法完全一样,只是飞行模拟设备配置有部分不同。它是利用实验室中的飞行模拟器将模拟器上试飞员操纵的信号发送到飞行计算机当中,飞行计算机发出操纵指令驱动舵面进行运动,并将该舵面运动指令作为地面模拟器仿真模型输入,飞行模拟器计算的飞机运动参数再反馈到飞机上的飞控系统中,试飞员在飞行模拟器上进行人机闭环飞行试验。

5.2.4　结构模态耦合试验

结构模态耦合试验在通过试验确认飞控系统工作正常后进行,可以通过两种方式,一种是在飞控系统检查试验的时候,用力去撞击驾驶杆或者脚蹬,检查是否会出现由于舵面急速运动引起飞机机体结构振动而造成模态耦合的情况;另一种是与飞机地面振动试验一样施加激励,引起飞机结构振动,并检查这种飞机结构振动是否会与飞控系统耦合。与飞机地面振动试验所不同的是,进行这项试验的飞控系统应当按照飞行状态要求构成闭环系统来进行工作,不是必须要用充气垫支撑飞机,仅仅将起落架轮胎充气压力降低即可。在试验中不需要太多的激励点,主要是姿态速率陀螺传感器和安装加速度计的敏感区需要激励,检查传感器安装处的振动是否会耦合到飞控系统,检查舵面是否会耦合到飞控系统中。

5.2.5　电磁兼容性试验

电磁兼容试验是一项非常重要的试验。飞控系统、电源系统、航空电子系统、环控系统以及试飞测试改装系统等都需要参与这项试验,而且还应当检查发动机开车状态下的电磁兼容性。进行这项试验的方法分为两种,第一种是定性进行,不需要专门的测试系统,各种系统在各个使用状态下进行试验即可,通过机载试飞测试改装系统和目视座舱显示即可以判断,比较容易实施;另一种是进行定量测量,按照电磁兼容性的标准,对特定系统(如飞控系统、航电系统等)、特定部件(如雷达、舵机等)和特定部位(如雷达舱、EE 舱等)进行定量测量,包括辐射干扰和传导干扰以及灵敏度测试,这种试验需要专门的外场测试设施,有时对周围电磁环境的屏蔽也有要求。

受篇幅限制,还有大量的系统地面试验不在此赘述。归结为一点,充分的地面试验是保证飞行安全的重要组成部分,在条件允许的情况下,尽量真实地模拟飞机飞行状态下的各主要系统工作情况,并与设计分析结果进行比对,可充分检查暴露的设计缺陷和问题,避免将问题带到空中。

5.3　试飞机组培训

试飞机组作为飞行任务的执行者,在飞机研制和试飞过程中具有重要的作用,为保证试飞机组顺利地完成试飞任务,需对机组进行培训,培训内容主要包括飞机状态、操作程序、使用限制。培训采用理论培训和实践培训两种方式相结合,其中,实践培训中特别重要的是试飞员和试飞工程师在地面模拟器上的培训,即在模拟器上设置飞行状态和首飞剖面,试飞员在模拟器上模拟飞行,试飞指挥员、设计师和试飞工程师在模拟监控室内进行指挥和监控,所有的工作和程序均按照首飞来对待,目的是在技术、心理和岗位协调上为首飞做好准备。

5.4　地面滑行

飞机在首飞前需要进行地面滑行,分为低速、中速和高速滑行[1],主要目的是:

(1)检查在滑行振动条件下飞机机体的结构牢固性。

(2)检查飞机各系统工作是否正常。

(3)检查飞机的刹车系统是否满足要求,包括在发动机最大状态下的停机刹车能力以及应急刹车能力。

(4)检查飞机滑行运动特性,包括精确保持直线滑行能力、转弯能力和曲线滑行修正能力。

(5) 检查飞机的抬前轮操纵能力,包括在这种情况下飞机保持平衡的能力。

检查飞机转弯动态特性和保持直线滑行能力时,应当在跑道上目视选择标志点进行,其中包括在跑道上进行正弦运动轨迹滑行(低、中速滑行条件下),滑行结束后试飞员按照库珀-哈珀评定标准,给出滑行操纵品质评定等级。高速滑行时也应给出飞机姿态和航迹控制的操纵品质评定等级。

在条件许可的情况下,应当针对不同的跑道特性进行滑行检查,包括在不同跑道干湿度和粗糙度情况下的滑行检查。在飞控系统或者气动伺服弹性稳定裕度临界的情况下,应当补充跑道粗糙度滑行试验。在整个滑行过程中应当始终保持地面监控站的监控,其中飞机机体结构振动和刹车压力监控尤为重要。

通过地面滑行还可以检查地面飞行仿真数学模型的正确性。通常情况下,飞机在地面滑行的数学模型精确性较差,利用滑行得到的数据对地面滑行数学模型进行修改,对保证后续飞行模拟支持有着非常重要的意义。对滑行数据分析可以检查测量和显示参数,比如姿态角、迎角、角速度和动、静压等参数的正确性。

5.5　首飞评审

为了保证首飞的成功,在首飞前必须召开首飞评审会。评审会主要对以下内容进行审查:

(1) 首飞大纲和试飞任务单是否合理。

(2) 飞机状态是否已经具备首飞条件。

(3) 测试设备是否满足首飞测试要求。

(4) 首飞机组的飞行员驾驶技术、身体健康状况以及心理状况是否可执行首飞。

(5) 地面监控是否落实。

(6) 飞行保障条件(机务、场务等)是否合格。

(7) 首飞相关文件是否齐全。

经过评审会审查所形成的评审报告是首飞必需文件的一部分,除此之外,首飞文件还应当包括以下文件:

(1) 飞机飞行限制条件(如飞机高度、速度、过载、重量和重心、各子系统功能限制、环境条件和气象条件等)。

(2) 风险评估单。

(3) 应急处置预案等。

一般需要提交给首飞评审委员会的技术文件目录如表 5-1 所示。如果评审委员会另有要求,则提交的文件不限于此目录。

表 5 - 1　需要提交给首飞评审委员会的技术文件

文　件　名　称	备　注
飞行类手册 　　AFM、FCOM、QRH 等	设计方提供
气动计算和操稳计算报告	
根据风洞试验结果的资料(报告、文件)	
飞机重量计算报告	
铁鸟和航电综合试验台试验报告	
机组人员特殊条件下在飞机飞行模拟器上训练报告 飞机的飞行评估和工作系统	
结构强度计算报告	
单独部件和整体机体静态强度特性试验报告	
安全结论: 　　—气动、稳定性、操纵性和首飞控制系统 　　　　—静态强度 　　　　—颤振、控制转向 　　—摆振 　　—风险评估报告 　　—应急离机和机组救援系统 　　—动力装置 　　—环控系统 　　—导航、无线电通信和无线电设备 　　—供电系统、电设备和照明系统 　　—座舱布局和人机工程评估	
首飞限制	
补充操作程序	
首飞大纲	试飞单位提供
首飞方案	
机载测量系统和地面监控系统报告	
机务准备报告	
场务准备报告	
飞机称重报告	
滑行机组飞行评估	

　　综上,新机首飞是一项高风险试飞任务,设计人员和试飞工程人员需要统筹考虑飞机状态、使用限制、机场及空域情况等内容,制订试飞动作安排。因此,不同试

飞飞机的首飞不尽相同,但一般需遵循以下几点原则:

(1)首飞选定的飞行形态应尽可能简单。一般建议采用基本或者光洁形态进行首飞,以避免频繁地更改飞行形态而导致不必要的风险。无论采用哪种飞行形态,该飞行形态的各种特性、使用限制都应在地面得到最为充分的验证和确认,并且是机组最为熟悉和经常训练的形态,切不可临时更换为其他准备不充分的飞行形态。

(2)首飞时应尽量避免不同高风险内容的叠加。采用循序渐进的方式进行首飞,如爬升至 10 000 ft 之前,应完成压调系统自动和手动功能的检查;进行发动机加减速时,应适当提高飞行高度,为机组增加处置风险的时间;空中进行模拟进近和着陆的操作时,应熟悉飞机的着陆操纵和特性,保证飞机安全着陆等。

(3)首飞空域的选择也应谨慎。应选择在空中交通不拥挤(或申请空中交通管制)、远离市区和人口密集地区、气象环境较好的区域进行首飞;首飞空域也应考虑地面遥测的监控范围,以避免飞机飞出监控区域;空域内应尽量具有开阔的迫降场和可供飞机应急返场的备降机场。

(4)首飞任务执行高度应适中,避免由于飞行高度过高导致的飞机性能降低和处置紧急情况需应急返场的时间过长;也可避免由于飞行高度过低导致的机组故障识别和处置时间不足的问题(假设飞机发生双发失效时,机组必须要有一定的高度余量来调整飞机的下滑航线,以进行无动力着陆),首飞高度一般选取 10 000～15 000 ft 为宜。

(5)首飞安排的试飞动作应包括空速检查、平飞巡航、三轴操纵、动/静稳定性检查等内容,以检查飞机油耗情况、飞机及各系统工作情况,初始评估飞机飞行品质,确认机体是否存在异常的振动或噪声。

(6)首飞机场跑道应具备的条件是,允许飞机的着陆速度适当增大,以便于特情处置进行复飞和有利于侧风条件下的安全着陆。

(7)伴飞飞机对于安全首飞具有较为积极的意义,主要体现在伴飞飞机作为首飞飞机的先行官,为首飞飞机提供实时气象支持;作为首飞飞机高度和速度的参照物;提供空中摄影和飞机姿态监控等。

(8)首飞着陆速度应当在规定的范围内适度偏大,着陆点适中,以便于特殊情况下的复飞处理,也有利于侧风条件下的安全着陆。

参考文献

[1]　周自全.飞行试验工程[M].北京:航空工业出版社,2010.

6 试飞的组织与实施

6.1 试飞的组织机构

6.1.1 试飞组织的职责

试飞组织形式和职责确定是型号总体规划的一部分。具体的组织机构可根据实际情况进行设置,但是由于试飞工作涉及项目、设计、适航、制造、试飞和客服等多方面工作,因此为确保试飞工作高效、安全地运作,实现在跨单位(甚至跨集团)条件下试飞现场的高效管理,试飞的组织机构应实现统一的领导。

试飞的组织机构至少应具备如下功能:项目管理、试飞实施、工程支持、试飞机保障、质量安全管理、适航管理等。其中,项目管理功能包括试飞工作流程的制订、试飞计划制订和考核、试飞现场调度和协调等;试飞实施功能包括试飞文件的准备、测试改装、试飞具体实施、数据分析和报告、机务维护等;工程支持功能包括试飞相关的工程技术支持、试飞要求的编制、设计构型管理、试验结果的确认等;试飞机保障功能包括机体构型保障、制造符合性声明及检查、配合机务进行试飞机维护和定检、配合测试改装工作等;质量安全管理功能包括试飞质量安全的监控、组织重大故障分析和处理的技术评审等;适航管理功能包括适航取证计划协调、局方审查代表协调、特许飞行证申请、制造符合性检查申请与协调等。

对于民机制造商,上述各项功能一般都有相应的负责部门或者机构实现。对于试飞的组织机构,也应设置相应部门、组织机构或者团队,实现上述功能。

6.1.2 ARJ21‑700 试飞组织机构

ARJ21‑700 飞机取证前试飞任务的主要承担单位是中航工业试飞院,试飞主基地在西安市阎良机场。ARJ21‑700 试飞的组织机构是随着试飞任务的推进不断建立和完善起来的,到 2012 年年底形成了稳定的组织机构——由 ARJ21 新支线项目西安现场指挥部下辖中国商用飞机有限责任公司 ARJ21 新支线飞机项目西安外场试验队(以下简称外场试验队)和中航工业飞行试验研究院组成的联合团队,如图 6‑1 所示。

试飞院主要负责试飞任务的具体实施,具体包括:试飞大纲、任务单和风险评估单等试飞文件的编写,编写测试改装方案及机上实施,飞行任务的具体组织,试

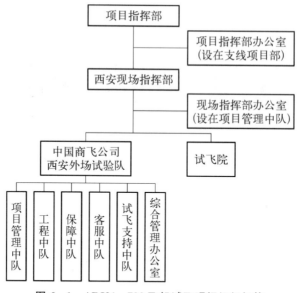

图 6 - 1　ARJ21 - 700 飞机试飞现场组织机构

飞数据的采集、处理和数据的初步分析,编写试飞报告以及机务和场务保障等。

外场试验队由中国商飞公司各相关部门和各中心负责外场试验的相关人员组成,是完成外场试验的责任单位。外场试验队下设项目管理中队、工程中队、保障中队、客服中队、试飞支持中队和综合管理办公室。

其中,项目管理中队人员由中国商飞公司支线项目部、科技质量部、国际合作与供应商管理部、适航管理部、客服公司、试飞中心等部门和单位的相关人员组成。主要负责外场试验计划的管理、项目信息报送、现场问题协调、与适航审查部门的协调和沟通、组织项目重大试验、高风险试飞科目的评审、质量问题和适航问题的归零管理等。

工程中队人员由中国商飞公司上海飞机设计研究院相关人员和试飞中心部分试飞工程师组成。主要负责外场试验试飞的技术支持和保障,如飞行监控、讲评、数据分析及结果确认和试飞数据的管理和分发,以及与试飞院、供应商、审查组进行技术沟通和协调。

保障中队人员由中国商飞公司上海飞机制造有限公司相关人员组成。主要负责保证参试飞机的制造构型与设计构型的制造符合性、试验飞机的状态保障,并归口管理和协调国外供应商。

客服中队人员由中国商飞公司客服公司相关人员组成。主要负责跟踪了解飞机在试飞、试验期间飞机构型变化、飞机的使用维护性及地面设备验证,并模拟外场客户服务工作,验证客服保障系统的有效性。

试飞支持中队人员由中国商飞公司试飞中心相关人员组成。主要协助项目管理中队进行外场试验计划的管理、现场问题协调、飞行的机务保障、试飞技术文件的会签和登机飞行等支持工作。

综合管理办公室人员由财务部、党群工作部、上航公司、信息中心等部门和单位的相关人员组成。主要负责对外场试验队的人员、财务、后勤保障实行统一安排和管理。

6.2 试飞的组织运行模式

试飞现场一般由多架试飞机按照任务划分各自执行试飞任务,各架机之间不仅存在试飞科目约束的关系,还存在管理资源、人力资源、机场资源等方面分配的问题。因此,需要从计划管理、试飞运行、架次管理和科目管理等方面开展综合管理。上述各项管理工作都需要按照相应规章制度执行。

试飞运行关注试飞现场的日常运行和协调,即按照项目计划,开展具体试飞科目的准备、实施、资源调配、飞机保障、排故、应对试飞现场的突发情况等。试飞运行工作任务繁多,应建立通畅的信息流转系统,及早发现影响现场工作推进的问题和隐患,并报送到相应岗位,确保现场工作有序开展,试飞任务安全高效地执行。

架次管理和科目管理是试飞任务管理的两个维度。架次管理立足于某一试飞机所承担的试飞任务,制订并执行相应的短、长期试飞工作计划。架次管理团队一般由试飞运行相关人员组成。科目管理立足于单个试飞科目或专题,负责科目的准备、实施、试飞结果分析和确认、试飞报告编写等,一般由设计和课题人员组成。因此,架次管理团队任务单一并且存在于整个试飞周期,而某一科目的管理团队存在周期较短并且可同时存在多个科目管理团队。

ARJ21‐700 飞机试飞团队经过摸索,于 2012 年年底在试飞现场成立了计划管理团队、现场运行团队、架次管理团队和科目管理团队 4 个并行工程协同工作(IPT)团队,形成了试飞现场的矩阵管理模式。

计划管理团队由外场试验队和试飞院联合组成,负责组织试飞计划的协调讨论、编制、审核、发布及动态管理。试飞组织和实施涉及的关联因素和单位众多,制订试飞计划的一个好的途径,是通过团队共同编制完成。

现场运行团队由外场试验队和试飞院联合组成,是试飞现场日常运行的组织、协调和调度机构,主要成员包括项目管理中队试飞现场组以及外场试验队各中队现场运行相关人员。现场运行团队负责统筹安排试飞现场日常工作、协调资源、解决影响现场工作推进的问题、及时协调解决架次管理团队之间有异议的问题、对现场突发事件及时组织研究和进行工作布置。主要工作内容包括文件准备(试飞要求、大纲、风险评估单、任务单、构型评估报告)、构型到位(设计构型冻结、机上构型更改贯彻、测试改装实施)、资源保障(局方人员、申请人人员及地面机务、场务保障、备件保障)以及飞机排故、测试改装排故、飞机定检、参数调整和飞机证件申请等。

试飞现场以架机为单位,成立架次管理团队,由试飞院、外场试验队项目管理中队、工程中队、保障中队分别指定各架次主管。各架飞机的架次管理团队与现场运行团队和计划管理团队密切配合,提出主管飞机的试飞计划安排,做好短期试飞工作安排和调度,中长期计划提前考虑和规划,与相关的科目管理团队做好沟通协调,并负责组织相关人员保障开展各架机试飞技术保障。

试验队将所有试飞科目分类打包,成立若干科目管理团队,每个团队负责若干试飞科目。科目管理团队由设计主管专业人员、适航主管、试飞工程师、试飞院课题主管和测试改装主管组成。科目管理团队负责试飞科目前的技术准备、开飞准备、问题清理,制订细化试飞科目专题计划和工作检查单,完成试飞科目开飞前的构型状态、测试改装状态、试飞有效性判据、特殊气象和场地要求和其他前置条件等的确认,以及试飞要求、试飞大纲、构型评估报告、试飞任务单、风险评估单等技术文件的编制和适航审批;在科目实施过程中负责技术支持和飞行监控,做好架次有效性确认、科目试飞结果确认;在科目完成后负责试飞报告和试飞分析报告的编写,完成科目关闭确认以及相关文件的提交,负责科目的最终关闭。

6.3　试飞实施

试飞实施由试飞主责单位组织,相关项目管理、设计、制造、客服等人员按需协助。由于飞行试验对人员、飞机、气象等多方面的信息传递准确性和实时性要求很高,因此,应设置专职调度员负责在飞行实施过程中信息的实时报送。

ARJ21 - 700 飞机的飞行试验的实施主要由试飞院组织,内容包括航前工作、飞行实施、航后工作等。各试验中队全程参与其中,起到配合、保障飞行的作用。下面以 ARJ21 - 700 飞机西安现场试飞为例,说明试飞实施的航前、飞行实施和航后这 3 个阶段的主要工作内容。

6.3.1　航前工作

航前工作是试飞任务执行的直接准备,也是试飞任务安全、有效执行的重要条件。航前工作包括任务下达与协同、升空审批、航前机务保障、航前飞机保障等。

1) 任务下达与协同

任务下达是指总调度向飞行机组下达具体试飞任务,任务协同是指课题和设计人员向机组明确任务细节要求,并解答机组疑问。ARJ21 - 700 飞机飞行任务的下达与协同由试飞院组织,工程中队和保障中队组织相关人员参加,设计人员向试飞机组说明飞机状态变化、故障处理情况和试飞过程中可能出现的问题,解答试飞机组提出的问题,保障中队补充相关问题的解答。

2) 升空审批

因试飞任务需要,随机进行试验的登机人员(包括滑行登机和飞行登机)需按照升空申请程序的要求,向试飞单位提出登机申请。

一般情况下,局方审定试飞,部分研发试飞和申请人表明符合性试飞的登机任务由试飞工程师参与执行。当试飞任务确实需要设计人员登机时,设计人员通过试飞工程师向工程中队领导提出登机申请,并按程序履行相关手续。

3) 航前机务保障

飞行期间的机务保障工作由试飞院机务大队和试飞支持中队机务保障室组成的联合机(务)组执行。飞行日的航前机务工作由联合机组负责完成,包括航前检查和放飞准备工作两个阶段。

试飞支持中队配合参与航前检查的工作内容主要有:

(1) 航前检查工具的代领和清点。

(2) 飞机外围检查,飞机各个部位的附属物检查等。

(3) 飞机机械系统检查(起落架、附件舱、动力装置、货舱等)。

(4) 飞机特设检查(电气设备、探头等)。

(5) 航电相关设备检查(外部天线、音频设备、内设备等)。

放飞前准备工作,主要是与飞机相关的定量检查工作,包括:

(1) 飞机燃油量、液压油量、滑油量的检测和维护。

(2) 起落架轮胎压力、液压系统压力的测量。

(3) 减震支柱镜面高度的确认。

(4) 机械设备的定位和完整性检查。

4) 航前飞机保障

航前飞机保障工作由保障中队负责,按以下方式开展。

(1) 保障中队需在各架机航前进场时,有指定人员在机库内值班。

(2) 接收当日现场调度员的通知,实时掌握飞机进场与航前准备情况。

(3) 当试飞机发生问题时:

a. 接到联合机组或项目管理中队调度通知后,立即前往飞机现场。

b. 协同工程中队人员进行机上排故。

c. 对需要供应商参与排故的情况,及时通知并负责接送供应商至现场排故。

d. 故障确认后,根据故障解决条件与时间,受客观条件制约无法立即解决的,应及时汇报项目管理中队。

e. 接收试飞院提出的问题处理单(SFWT),对需要更换零部件、成品或机体结构损伤的故障情况转开故障拒收报告(FRR),工程中队答复处置意见后立即在机上实施,最后将实施完成的情况通过试飞问题处理单返回试飞院。

6.3.2 飞行实施

飞行实施阶段相关工作包括:地面监控、登机飞行、地面保障等[1],具体如下。

1) 地面监控

地面监控是保障飞行安全和任务顺利完成的重要手段,同时也是实时了解试飞情况和故障的有效途径。试飞院根据科目需求安排地面监控。参与监控的人员要提前做好监控技术准备,认真做好记录,并根据自己的判断及时对飞行中出现的问题或疑问给出处置意见。

工程中队参与地面监控的设计专业人员根据现场调度信息参与地面监控,记录相关的信息,并协助试飞工程师完成架次有效性确认工作。

试飞工程师也参与地面监控工作,并负责快速确定试飞架次的有效性。

2)登机飞行

登机飞行是指由飞行机组驾驶飞机执行指定试飞任务的过程。试飞工程师、设计人员以及供应商代表等应根据任务需要参与登机飞行。

3)地面保障

在试飞实施过程中,各中队需配备相关人员应对飞行过程可能出现的紧急情况,各中队的具体工作安排如下:

(1)飞行实施时,项目管理中队现场调度员、架次主管需到飞机现场了解情况,及时将相关信息上报中队负责人。

(2)工程中队安排架次主管值班,接收项目管理中队的人员调度,安排对应的专业人员参与飞行地面监控(如要求)。

(3)保障人员接收当日项目管理中队飞行调度的通知,实时掌握飞机飞行情况。当试飞机发生问题并提前返航时,值班人员立即前往飞机现场;协同工程中队人员上机进行故障现象记录确认,按需进行机上排故;对需要供应商参与的情况,及时通知并负责接送供应商至现场。

(4)试飞支持中队接收项目管理中队飞行调度的通知,做好地面配合工作。

飞行过程中发现问题需要排故的,由工程中队架次主管组织排故,项目管理中队架次主管协助,其他中队/单位配合。

6.3.3　航后工作

航后工作包括航后机务保障、航后飞机保障、航后讲评、数据处理和移交、数据分析、架次快速报告,具体如下。

1)航后机务保障

联合机(务)组在完成飞行后,配合试飞院机务大队完成接机工作,保障飞机安全进入机库。航后检查工作在接机工作之后展开,航后检查的工作内容与航前机务保障中航前检查部分一致。

2)航后飞机保障

航后飞机保障工作在机务完成航后检查之后开展,由保障中队执行飞机维护的相应工作,联合机(务)组、工程中队配合参与,项目管理中队负责协调。当航后检查发现问题时,保障人员立即前往现场;协同工程中队人员进行故障现象记录确认;开展排故工作,必要时予以备件支持排故;对需要供应商参与排故的情况,及时通知并负责接送供应商至现场排故。接收试飞院提出的试飞问题处理单(SFWT),对需要更换零部件、成品或机体结构损伤的故障情况转开故障拒收报告(FRR),工程中队答复处置意见后进行机上实施,最后将实施完成的情况通过试飞问题处理单返回试飞院。对无须机上操作的情况,直接将试飞问题处理单转交工程中队答复,并立即将答复完的试飞问题处理单返回给试飞院。

故障解决时间要求根据当日飞行情况,若有下一架次飞行任务的,则时间要求按照航前标准实行。若当日已无其他飞行任务的,允许在当天内解决。因客观条件导致无法当天解决的,及时汇报项目管理中队。

3) 航后讲评

航后讲评由试飞院组织,工程中队、试飞院课题主管、测试主管、机务和保障中队参加,由试飞员介绍任务执行情况和飞行中出现的问题或故障。对于局方审定试飞,由项目管理中队协调局方试飞员安排讲评事宜。

试飞工程师记录试飞员对飞行过程的评述,并将飞行的评述作为"试飞架次快速报告"的重要内容。

4) 数据处理和移交

飞行后的数据处理工作由试飞院测试人员负责。试飞院将数据转化成工程数据后,由工程中队负责数据的管理与分发。

5) 数据分析

试飞数据由工程中队从试飞院获取后,分发相关专业人员和试飞工程师查看、分析,作为科目试飞报告编写及排故等工作的输入。

6) 架次快速报告

架次快速报告是试飞工程师对地面监控或者上机飞行的总结,记录包括试验点的完成情况、航前航后讲评、飞行过程中出现的告警、飞行起降时间、气象条件等各种信息,由试飞工程师编制。

参考文献

[1]　戴维,由立岩,刘鹏,等.民机试飞实施计划的编制方法[J].科技传播,2013(1): 192－193.

7 试飞结果管理

7.1 试飞数据管理

试飞数据是试飞结果的最终体现,所有试飞的目的都是为了获取数据,试飞数据也是型号研制过程中积累的宝贵财富。试飞数据管理(数据存储、数据交换、数据传递、数据归档)对于提升试飞能力,提高试飞效率,加快试飞取证步伐,辅助优化设计,推动飞机研制和预研都具有重大意义。

7.1.1 国内外现状

在国外,波音、空客、庞巴迪和巴西等民用飞机主机制造商,均具备独立的试飞能力,拥有完整的以试飞数据管理为核心的民用飞机试飞体系。美国波音公司在20世纪80年代初对飞机测试数据已形成数据库管理,各专业平台可方便地调用库中的试验数据。如包括试验过程、程序等各种音像、文档,连同试验数据一起纳入数据库的管理。俄罗斯飞行试验数据库较早之前也已建立起来,并应用数据库进行了高度、速度告警系统的设计,经济效益十分可观。德国飞行力学研究所对以前所做的飞行试验数据进行加工处理,形成了功能强大的数据库,对参数识别软件的开发应用及模拟器的调试都产生了巨大的作用[1]。

在国内,ARJ21-700飞机初始试飞阶段,试飞数据管理和传递以刻录光盘的方式进行存储管理,这种方式存在工作效率低、数据利用率低、数据安全性低、时效性差等问题。后续以着眼解决试飞现场问题的目的,提出了试飞数据管理分析系统研制的技术需求,建立了一套功能完整的数据管理分析系统,实现了海量数据存储、数据解析定制、数据有效管理、数据快速传递的功能,解决了ARJ21-700飞机试飞数据管理过程中存在的问题。目前我们已经建立了ARJ21-700飞机试飞数据库,后续试飞数据也可以用于启动参数辨识软件开发、系统优化设计。

7.1.2 数据特点

民机试飞数据包括机载测试系统所采集的所有数据、外测数据以及数据交换、传递过程中产生的记录数据及文件,民机试飞数据具有以下特点。

1) 数据量大,管理难度大

现代飞机的多功能带来的系统复杂性,所采用的综合试飞现代飞机为加快试飞进度而进行的试飞科目互为备份,这些都大大增加了每架试飞机的测试参数量。民用支线客机测试参数多达数千个,如 ARJ21 - 700 飞机,单架试飞机测试参数达 5 000～8 000 个。大型干线客机测试参数达上万个,如 C919,单架试飞机测试参数达 15 000 以上。

2) 数据类型多/数据属性差异大,管理难度大

现代飞机测试参数多达数十种,除了通用参数如高度、速度、加速度、温度、姿态、压力、流量、力、位移等非电参数外,还有电压、电源频率、波形、增益、相位、功率因素等电参数;另外还有大量的总线参数,包括飞机总线参数、各子系统内部总线参数、主总线参数、备份总线参数、网络总线参数等,它们所采用的标准和协议不尽相同。

3) 数据使用周期长,共享程度要求高

现代飞机一般试飞周期都要经历几年的时间,如 ARJ21 - 700 飞机从首飞到 TC 证试飞结束,试飞时间长达 6 年多,后续的持续改进试飞也将经历相当长的时间,在如此长时间内都要求能够快速、方便地使用这些数据,且各专业可能还需要使用其他相关专业的数据,存在多系统/专业对数据共享的要求。

4) 数据按批/架次进行管理

为实现试飞数据快速查询,试飞数据按批/架次、试飞时间、试飞科目进行管理。

5) 数据保存周期长,数据安全性要求高

原则上这些试飞数据应该保留到整个该型飞机的寿命期,数据保存周期长达几十年,对数据的安全性要求高。

7.1.3 应用对象

试飞数据管理应实现对全部试飞数据的全面管理,面对的使用对象如下。

(1) 试飞工程师:负责分析处理、评估获得的工程数据以确定与适用适航规章的符合性,并记录批准的数据和相关的判据,得出试飞结论。

(2) 试飞数据处理工程师:负责卸载、解析、导入和管理试飞数据,根据相关用户需求向其分发数据。

(3) 适航取证管理人员:按照国际/国内民用航空器适航法规、标准和要求,提交试飞可追溯的完整过程数据,以表明飞机对适航规章的符合性。

(4) 试飞员和试飞指挥员:依据数据实时处理系统提供的数据信息,判断试飞任务执行情况及飞机状态,为飞行、指挥、决策提供依据。

(5) 工程人员:使用试飞数据对飞机性能指标及对条款符合性进行验证。通过对飞行试验资料、数据和技术报告的整理、分析和综合研究,为改型飞机的研发、故障排除、取证、持续改进提供依据,同时为后继型号的研发以及技术发展提供参考和借鉴。

（6）客户服务人员：使用数据进行模拟器的调试及用户提出问题的初步判断。

（7）供应商和技术支持人员：通过对试飞数据进行处理和分析，用于故障排除、设备调参和符合性验证，协助保障试飞和飞行安全。

7.2　结果确认

试飞结果确认是对试飞科目完成情况的确认，对试飞任务的调整及为后续计划的安排提供依据，结果确认对试飞任务顺利、快速和有效地开展都具有非常重要的意思，试飞结果确认主要包括"试飞架次有效性确认""试飞科目结果确认"和"试飞科目关闭确认"3个阶段。

（1）试飞架次有效性确认：主要针对每一个试飞架次的任务执行和数据采集工作的确认，相关确认结果主要用于对当日飞行和后续短期内飞行安排。

（2）试飞科目结果确认：试飞科目完成后，对试飞科目所涉及的试验状态点完成情况、数据采集的完整性和正确性进行确认，相关确认结果作为中期飞行安排和计划调整。

（3）试飞科目关闭确认：主要针对所形成的符合性数据资料的完整性和相关试飞报告的批准状态的确认，相关确认结果主要作为中长期飞行安排和计划调整。

具体工作的阶段定义、前置条件、确认内容以及职责分工如表7-1所示。

表7-1　试飞结果确认说明表

阶段	阶段名称	前置条件	确认单位	确认内容	接收单位
第1阶段	试飞架次有效性确认	完成1架次试飞后	试飞实施单位	（1）测试设备工作情况 （2）测试参数采集情况 （3）试验状态点执行情况 （4）相关偏离和偏离说明	设计单位
第2阶段	试飞科目结果确认	完成试飞科目后	设计单位	（1）试飞科目所涉及试验状态点的完成情况 （2）试飞科目所需试验数据的完整性、正确性和有效性 （3）试验结果是否满足试飞大纲的判据要求	试飞实施单位
第3阶段	试飞科目关闭确认	完成试飞科目试飞数据资料的提交和批准后	设计单位	（1）所需提交的符合性数据资料的完整性和正确性 （2）试飞报告批准状态	试飞实施单位

ARJ21‐700飞机试飞结果确认的工作流程分为3个阶段,如图7‐1所示。

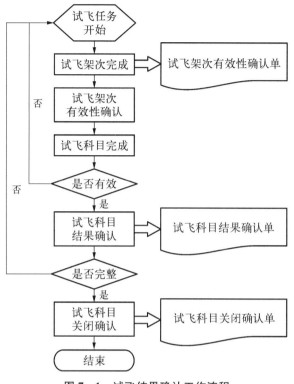

图7‐1　试飞结果确认工作流程

7.2.1　试飞架次有效性确认

试飞架次有效性确认是指根据飞行员评述、飞行数据、气象条件、试飞动作、测试和改装设备工作情况等信息,对本架次所涉及试验状态点执行情况的有效性进行初步确认。

试飞的架次有效性确认工作由试飞实施单位(试飞工程师)负责。确认过程要求快速、及时。

7.2.2　试飞科目结果确认

在试飞架次确认有效的前提下,试飞科目所涉及的试验状态点全部完成后,由设计单位主管专业负责、试飞实施单位配合对试飞科目进行结果确认,确认内容详见表7‐1中"确认内容"栏。

申请人试飞科目结果确认程序包括:申请人研发试飞科目结果确认程序;符合性验证试飞科目结果确认程序。

试飞任务完成后,设计单位主管专业获取试飞科目相关试验数据,与试飞实施单位共同完成结果确认。

（1）对于试飞科目结果确认为"不完整"的试飞科目，试飞实施单位负责安排补飞或重飞。试飞完成后，设计单位对试飞科目结果确认单进行升版，重新按图 7-2 的程序进行确认。

（2）试飞科目结果如果确认为"完整"的试飞科目，则可关闭该申请人试飞科目。

申请人试飞科目的结果确认工作流程，如图 7-2 所示。

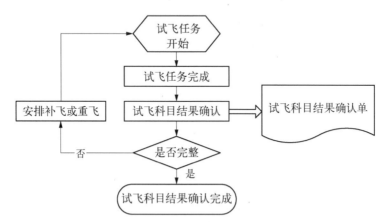

图 7-2　申请人试飞科目结果确认工作流程

7.2.3　科目关闭确认

申请人试飞科目关闭确认分为：研发试飞科目关闭确认和表明符合性试飞科目关闭确认。

7.2.3.1　研发试飞科目关闭确认

在研发试飞科目的试飞结果有效前提下，试飞实施单位向设计单位提供试飞数据报告，设计单位主管专业完成试飞报告的编制，经责任副总师批准后，达到试飞科目关闭的条件。

研发试飞科目关闭确认流程如图 7-3 所示。

7.2.3.2　表明符合性试飞科目关闭确认

在表明符合性试飞科目完成后，试飞实施单位完成符合性验证试飞数据报告的编制。

试飞数据报告发出后，设计单位主管专业完成试飞报告的编制，并及时提交设计单位适航工程中心。

设计单位适航工程中心协调审查组，完成试飞报告的批准。

审查组如对试飞报告提出修改意见，则设计单位适航工程中心应及时将意见反馈给设计单位主管专业，设计单位需尽快完成报告修改。

试飞报告获得审查组批准后，完成试飞科目关闭确认流程。

表明符合性试飞科目的关闭确认流程，如图 7-4 所示。

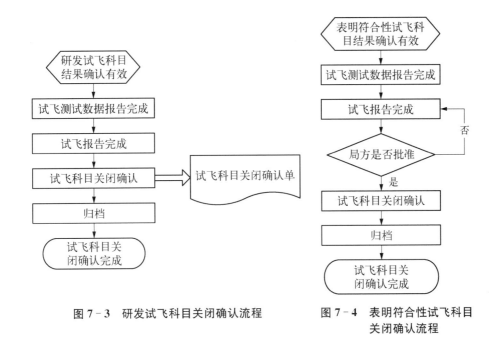

图 7-3　研发试飞科目关闭确认流程　　　图 7-4　表明符合性试飞科目
　　　　　　　　　　　　　　　　　　　　　　　　关闭确认流程

7.3　试飞报告

　　飞行试验是确认飞机或系统是否满足设计指标、符合适航规章的重要手段之一,按试飞任务性质可分为研发试飞、表明符合性试飞和局方审定试飞。试飞报告是对试飞过程、结果的技术总结,记录飞行试验过程及试验数据分析结果,试飞报告对应试飞任务分为:研发试飞报告、表明符合性试飞报告、型号合格审定试飞报告。

7.3.1　研发试飞报告

　　研发试飞报告是申请人对研发试飞过程和结果的总结报告。

　　责任人:研发试飞是申请人独立行为,研发试飞报告由申请人负责编写,不需提交局方批准。

　　目的:研发试飞主要是以调参、修正模型、需求确认、需求验证、功能初始检查为目的。

　　用途:研发试飞结果可用设计改进、冻结飞机构型状态;支持表明符合性试飞及型号合格审定试飞。

　　主要内容:研发试飞报告内容应包括试验飞机构型描述、测试设备和改装、试飞内容和方法、试飞概况、试飞数据处理方法和处理结果、试飞员评述等内容。

　　签审流程:研发试飞报告只需完成申请人内部"编制""校对""审定""标审""批准"五级审签流程,不需提交局方批准。

7.3.2　表明符合性试飞报告

表明符合性试飞报告是申请人对表明符合性试飞过程和结果的报告。

责任人：表明符合性试飞是申请人行为，表明符合性试飞报告由申请人负责编写，但需提交局方批准。

目的：审定计划依据审定基础（CCAR21、CCAR25、CCAR34、CCAR36、专用条件）编制，表明符合性试飞就是验证"审定计划中明确采用 MOC6 方法验证的条款"的符合性。

用途：申请人使用经过局方批准后的表明符合性试飞报告用于条款关闭。

主要内容：表明符合性试飞报告包括试验飞机构型描述、测试设备和改装、试飞内容和方法、试飞概况、试飞数据处理方法和处理结果、试飞员评述等内容，最终给出是否满足适航条款的判断。

签审流程：表明符合性试飞报告由主管专业编制，主管副总设计师批准，局方审查代表签署确认表明符合性试飞结果的符合性（依据审定试飞大纲）。ARJ21-700 飞机表明符合性试飞报告签审流程如图 7-5 所示。

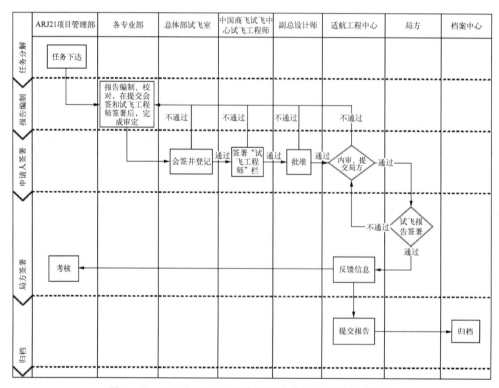

图 7-5　ARJ21-700 飞机表明符合性试飞报告签审流程

7.3.3　型号合格审定试飞报告

型号合格审定试飞报告（以下简称"审定试飞报告"）是型号检查报告（TIR）的

重要组成部分,是用以描述和记录局方审定飞行试验的过程和结果的报告。

责任人:审定试飞报告(重复和并行科目)原则上由局方负责起草编制,型号合格审定试飞报告也可由局方委托申请方起草编制。

目的:核查申请人所提交的飞行试验数据。

用途:审定试飞结果用于检验表明符合性试飞结果、进一步审查对条款的符合性、支持条款关闭。

主要内容:审定试飞报告包括试验飞机构型描述、测试设备和改装、试飞内容和方法、试飞概况、试飞数据处理方法和处理结果、试飞员评述等内容,最终给出是否满足适航条款的判断(根据其必要性,在审定试飞报告中可以引述申请人表明符合性的试飞结果,以进行试飞结果比较;如果审定试飞结果涉及飞行手册数据/曲线的产生或验证,那么审定试飞报告中还要求给出飞行手册最终的相关曲线或数据)。

签审流程:审定试飞报告经申请人签审后提交局方,由局方试飞员、局方试飞工程师及局方审查代表进行签署,局方试飞员和试飞工程师首先签署审定试飞报告确认审定试飞过程、状态和结果(依据试飞任务单),然后由局方审查代表签署确认审定试飞结果的符合性(依据审定试飞大纲)。

参考文献

[1]　张玉玲.直升机"地面共振"试验参数数据库系统设计与开发[D].南京:东南大学,2013.

8　试飞构型管理

8.1　试飞构型管理范围

　　构型管理是一种面向产品全生命周期,以产品结构为组织方式,将各阶段产品数据关联起来并对其进行管理和控制,进而保证产品数据一致性、有效性和可追溯性的管理技术。构型管理的概念是美国军方、美国航空航天局、欧洲太空局等在管理飞机、舰艇、火箭等大型武器装备的研发过程中总结出来的。由于其在控制研制周期、提高产品质量方面的巨大作用,如今,构型管理已成为主制造商的自觉行动,纷纷建立了本公司的构型管理系统,如波音公司为达到飞机研制周期缩短 50%、问题减少 50%、成本降低 25% 的目标,实施了"定义和控制飞机构型/制造资源管理系统"[1]。

　　构型管理贯穿在飞机设计的整个过程中。在系统工程过程中,构型管理属于控制机制,通过建立需求基线、功能基线、分配基线、研制构型和产品基线,进而实现需求的确认和分解及产品的集成和验证,最终完成从需求到产品的实现。

　　图 8-1 表示系统工程与构型基线的关系。

　　图 8-1 中,FCA 为功能构型审核,PCA 为物理构型审核。在构型管理工作中,FCA 是对飞机功能和性能达标的确认,PCA 是对飞机完整性和符合性检查的确认。实际上,在飞机的验证活动完成之前,FCA 和 PCA 均未结束,产品基线并未建立。验证活动完成前,工程发放的设计文件,如图纸和零件清册等,严格来说并不是"产品"图纸,而是试飞机(试验件)图纸和零件清册,此时飞机的构型属于制造商内部控制的"研制构型"[1]。

　　美国民用构型管理标准 EIA-649 中关于构型基线的定义如图 8-2 所示。构型基线包括需求基线、设计发放基线和产品基线等,客户主要关注"需求基线"和"产品基线",在产品基线确定前,"研制构型"由制造商内部控制[2]。制造商本身具有较大的权限。

　　试飞构型管理本质上属于研制构型管理的一部分,应该遵守研制构型管理的一般流程。但试飞阶段的构型管理又具有一定的特殊性。在此期间,飞机诸多结构和系统均处在不断更改中;客户需求、市场目标、设计模式、材料和工艺以及制造水平在产品整个研制周期中都在不断变化;随着研制的进展,飞机控制律、飞行特性、包线等也在不断迭代升级;在试飞过程中,还会出现不满足设计要求和适航要

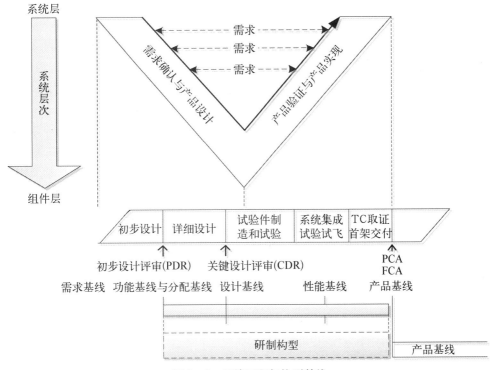

图 8-1　系统工程与构型基线

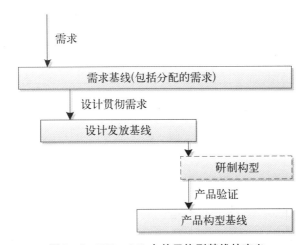

图 8-2　EIA-649 中关于构型基线的定义

求,需要设计更改的情况,这些都使飞机的构型不断在更改,由于飞机产品零部件数量巨大,这些更改导致试飞构型控制非常复杂。

本章就构型到位与试飞计划、试飞构型控制、构型评估报告编制 3 个方面对其进行阐述。

8.2 构型到位与试飞计划

如1.4.2节所述,民机试飞可分为研发试飞、表明符合性试飞和审定试飞,研发试飞是申请人用以扩展飞机包线、系统/设备调参、排故、系统功能检查,为相关产品及系统研发提供飞行数据支持,表明符合性试飞和审定试飞用来表明飞机符合适航规章和环境保护要求。无论哪种类型的试飞,均需在特定的构型下进行。

研发试飞由主制造商根据自己的研发目的确定构型是否满足试飞的要求,而表明符合性试飞和审定试飞在《航空器型号合格审定程序》(AP-21-03)中规定了"制造符合性检查代表在地面试验和飞行试验前对原型机进行制造符合性检查,以确认原型机满足了最低的质量要求、符合型号设计,并可安全地进行预期的地面和飞行试验"。CCAR-21.33中,要求"申请人应当进行检验和试验",以确定"零部件符合型号设计的图纸"以及"制造工艺、构造和装配符合型号设计的规定"。

因此,在表明符合性试飞和审定试飞前,需确认飞机构型到位,并对飞机进行制造符合性检查,以表明当前构型符合规定,且能够代表取证构型进行适航验证活动。

如图8-3所示,试飞科目与试飞构型构成了矩阵[3]。在试飞计划编制时可考虑对试飞科目按构型要求分类和组合。

图8-3 试飞科目与试飞构型在试飞进程中的关系

在图8-3中,从左到右为试飞进程,表示试飞在时间轴上的进展,随着试飞科目的逐个开展,试飞构型也需随之到位,如试飞科目1、2、3需要试飞构型1到位,试飞科目4进一步需要试飞构型2到位等。

事实上,如果说图8-3的横向(由左到右)代表试飞计划,那么纵向(从上往下)就代表了构型到位计划,在试飞阶段,两份计划均要制订,且需相互匹配,并同步调整。首先明确科目试飞时相关系统需要具备的功能和性能,进而确定试飞构型,结合初步试飞计划制订初步构型到位计划,最终制订可实施的试飞计划和构型到位计划。

图 8-4 说明了试飞计划与构型到位计划之间的关系。

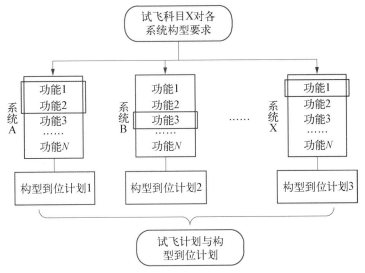

图 8-4　构型到位计划与试飞计划的相互协调

8.3　试飞构型控制

构型管理工作主要包括构型管理计划编制(plan)、构型项标识(identification)、构型控制(control)、状态纪实(accounting)和验证与审核(audit)5 部分内容。其中,构型控制是构型管理的重点和难点。所谓的构型控制就是指在构型生成过程中,为控制构型项的更改所进行的活动。试飞构型管理的主要活动是对飞机的构型控制。

8.3.1　构型控制的流程

各主制造商对自己公司的工程更改也就是构型更改都有一套严格的构型控制流程,目的就是严格把控构型状态,使每一次的更改都有效且纳入管理。在 ARJ21-700 飞机研制中,通过工程更改建议(ECP)实现对工程更改并进行相应的构型控制,如图 8-5 所示。

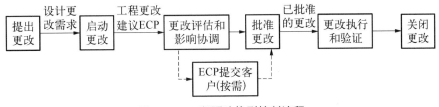

图 8-5　工程更改构型控制流程

对设计数据进行工程更改,工程首先需要启动 ECP,ECP 是工程更改的有效输入依据,在 ECP 获得批准后,才能进行工程指令的具体实施(EO 或 DEO 的发出)。工程指令(EO)或文件工程指令(DEO)中通常会规定此次更改的实施范围,如果该 EO 或 DEO 需要对试飞机的构型进行更改,则在发出后,需再发出外场技术通知单,对试飞机进行更改。试飞机构型管理人员会根据试飞机执行任务的实际情况及 EO/DEO 的等级决定试飞机的贯彻时机,贯彻后该构型则纳入试飞机单机构型。

试飞机上的工程更改需详细评估对其他专业的影响,给出受影响的图样/零件/技术文件(规范)清单,更改对飞机安全性、验证试验结果、飞机重要特性有影响时,需要在 ECP 和外场技术通知单中详细说明。相关专业将据此评估是否需要进行补充试飞,以及更新试飞限制条件和补充操作程序等文件。

8.3.2　试飞构型控制的几个重点

1) 减少构型更改工作量

试飞机频繁的构型更改会严重影响试飞进度,如 ARJ21-700 飞机试飞期间各架试飞机累计处理的外场技术通知单数以千计,累计贯彻的 EO 达到 6 万余份。这些更改占用了较多的现场资源和试飞时间,影响了试飞计划的实施。

这些更改除了因为部分软件版本正常迭代升级等计划内工作外,还有一些因早期设计时考虑不周、前期系统接口存在开口项及用户需求变更等原因,这些前期的不成熟设计问题到试飞阶段进行解决,使得成本呈几何级级增长,应尽量避免。在详细设计时应尽可能地充分分析、评估,按照系统工程的要素进行全面的工作,对于飞机本体应进行详细的性能、操稳、强度等计算分析,开展全面的风洞试验、强度试验等工作,减少试飞期间的结构构型更改问题;对于飞机的系统,按照目前的传统做法都由各专业系统供应商提供,这就要求我们主制造商提高对供应商的管控能力,系统的研发要求应详细、具体、接口明确,并对系统的研发整个过程进行管控,进行尽可能多的测试,完成好相关的试验室试验和机上地面试验,确保供应商研发的系统满足飞机级需求,且可靠性较高;同时在试飞机构型控制时对于一些不影响飞行安全和试飞结果有效性的更改,可以考虑暂时不在试飞机上贯彻,或者在试飞机架外改装时实施。

2) "合并更改"

在生产阶段,为稳定飞机的生产构型,波音公司提出了"合并点"(block point)的概念,"合并点"表示将更改做一定积累后再实施,而不是一有更改就马上实施。

试飞期间的工程更改量十分庞大,远超批产阶段。在批产阶段,为稳定飞机的生产构型,构型状态相对清晰且易于管理,而试飞机情况极为复杂,构型由于设计更改等一直在不断变化,始终处在一种动态的管控中。而外场时间紧,尤其有些科目依赖于自然环境,一旦错过了时间窗口将需要再等待一年的周期。且外场的人力物力资源有限,一些特殊工装可能在现场没有配备,有一些更改可能只有回到主制造商的总装车间才能进行。因此,如何合理地安排试飞机的构型更改非常重要。针对这个问题,对于不影响试飞安全和结果有效性的更改,可以借鉴波音公司的做法,在积累到一定量后择机合并更改。

对于影响试飞安全或造成重大操作限制的更改项,应排除在合并策略外,必须及时贯彻。

3) 单机构型临时冻结

根据试飞机试飞任务的特点及审查方对试飞任务构型的管控要求,根据ARJ21-700飞机的经验,为加快相关文件的审批和制造符合性检查及试飞,在以下3个时间点,试飞机构型建议临时冻结。

(1) 试飞科目构型准备完毕,已完成构型评估报告编制或已提交制造符合性声明,在试飞完成前应临时冻结相关系统构型。CCAR21.33 中要求,"除局方另行批准外,民用航空产品或其零部件……提交局方进行试验的期间内,不得做任何更改。"

(2) 申请人已确认和更新飞机当前全机构型文件,并以此向审查方申请特许飞行证,从文件更新到特许飞行证制造符合性检查完成并获得特许飞行证前,应临时冻结飞机构型。

(3) 局方升版或新发 TIA(型号检查核准书)阶段,由于 TIA 通过引用构型文件描述了飞机的单机构型文件,从构型文件更新完成到 TIA 正式颁发前,应临时冻结相关构型。

8.4 构型评估报告编制

在局方正式签发 TIA 前,相关试验件及其所含的软硬件构型状态应接近最终冻结状态,局方必须认可试验件的成熟度,才允许进行相应的试飞科目。但实际研制过程中的飞机构型不可能完全达到冻结状态,实际制造中也存在一些偏差,需要编制各科目的构型评估报告来表明目前飞机的构型状态满足科目的执行要求。

ARJ21-700飞机试飞中,申请人在发出制造符合性声明前,通过编制"构型评估报告"文件,向局方说明试飞科目对构型的要求以及飞机的当前实际状态,如有偏离,则评估偏离对试飞结果和试飞安全的影响。

构型评估报告至少应包括以下内容:

(1) 试飞目的。

(2) 试验飞机/试验件的概述。

(3) 科目最低构型要求。

(4) 试验件构型状态评估。

a. 描述与本试验试飞项目相关的生产图纸以及构型偏离情况。偏离一般包括单机更改图纸、代料单、故障拒收单等。从偏离对功能、性能等方面的影响进行分析,评估对试飞结果有效性和试飞安全的影响。

b. 描述系统中与试飞科目相关的设备以及构型偏离情况。从偏离对功能、性能等方面的影响进行分析,评估对试飞结果有效性的影响和试飞安全影响。

c. 描述系统中与试飞科目相关的软件以及构型偏离情况。从偏离对功能、性能等方面的影响进行分析,评估对试飞结果有效性的影响和试飞安全影响。

d. 机体结构构型评估,评估外形、重量重心、强度、功能、性能等方面偏离的影响。

e. 评估已实施的、非试飞科目要求的测试改装的影响。

f. 评估试飞科目所需的、但未实施的测试改装项的影响。

g. 评估前期试飞过程中出现的与试飞科目相关的、未关闭的试飞问题的影响。

(5) 结论。

构型评估报告编制时应注意以下几点:构型评估报告描述内容应在保证全面的同时,注重针对性。构型评估报告仅评估与当前试飞科目直接相关的图纸的 EO、装机设备、系统零部件、机载软件以及加改装情况,与试验试飞无直接关系的飞机其他部分构型无须评估。对试验试飞执行的基本前提、飞机应具备的基本功能(如电源、液压、动力系统等)无须特别提出要求其工作正常。

8.5　建设构型管理数字化信息平台

试飞飞机的构型变化频繁,如没有数字化的信息平台,仅通过文档、表格对构型状态进行记录、控制,会导致信息在传递过程中失真和滞后。若构型更改的贯彻信息不能及时传递到相关人员,则会影响试飞飞机单机构型文件、试飞构型评估报告等文件的准确性。

因此,搭建试飞机构型管理数字化平台,做到 EO 和外场技术通知单的贯彻情况、试飞机的实际构型状态能够在平台上实现工程、制造和试飞人员实时共享,是试飞构型管理的必要条件。也只有如此,方能避免试飞构型管理工作停留在"文档管理"阶段,实现真正意义上的构型管理。

参考文献

[1] 王庆林. 飞机构型管理[M]. 上海:上海科学技术出版社,2012.

[2] Lager A, Brummer B, Noble D, et al. EIA - 649 - A National Consensus Standard for Configuration Management [S]. 2500 Wilson Boulevard Arlington, VA 22201 in USA: Goverment Electronic and Information Technology Association-Standards & Technology Department. 2004.

[3] 周亮,孟庆堂,周昌明,等. 民用飞机系统级飞行试验的构型评估方法研究[J]. 航空科学技术,2012(5):49 - 51.

9 试飞风险评估技术与安全管理

9.1 概述

许多飞行试验往往是在飞机包线的边界(临界条件)进行的,如高速边界、低速边界、重量边界、重心边界、结冰、最大刹车能量中断起飞、高温高寒环境和负过载等。上述科目以考核和获取飞机在边界条件下的性能品质数据为目的,常伴有较高的风险。

此外,由于飞行试验是探索性和开创性的工程活动,即使在正常条件下进行的试验也总是伴随着一定程度的不确定性,这就决定了飞行试验始终伴随着风险的特点,飞行试验中"试验"两个字本身也就意味着风险。

飞行试验实施前的一项极为重要的工作就是风险评估。风险评估的主要目的包括3方面:首先,确定试飞任务的风险等级,进而明确保障等级;其次,制订风险降低措施,尽可能降低风险;最后,制订危险发生后的处置预案,尽可能挽回和降低损失。

美国国家航空航天局(NASA)和美国联邦航空局(FAA)联合开发了一个公开的风险评估数据库,用于向航空界提供飞行试验风险评估的指导[1],修忠信、由立岩等人对上述风险评估数据库进行了编译,为国内飞行试验工作者提供指导[2]。此外,FAA还发布了飞行试验风险评估方面的适航指令,对FAA审定人员参与审定试飞相关的风险控制、风险评估进行了规定[3]。

9.2 风险评估的基本原则

风险评估工作的主要原则有:

(1) 消除所有不必要的风险。例如,高风险试飞科目中非试验必需的人员不应登机。

(2) 尽可能地降低风险。例如,在失速试飞时加装失速改出伞,在新研飞机上加装应急离机系统,高风险试飞科目为机组配备降落伞等。

(3) 风险评估主要关注和试验任务直接相关的风险,不关注正常飞行同样可能会发生的风险。

9.3 风险评估的流程

风险评估的基本流程分为 10 个步骤,分别为:明确评估对象、识别危险、分析致因、分析后果、评估发生概率、评估严重程度、确定风险等级、制订风险降低措施、制订风险预案以及试验后的总结。

9.3.1 明确评估对象

一般来说,风险评估的对象为一个试验点或者一个试飞科目,也可以是一个科目中的部分试验点,这些试验点往往使用了同样的试飞方法、同样的飞机构型和同样的试验环境。以起飞性能试飞科目为例,为了方便风险评估单的编写,往往将该科目中的双发起飞试验点和单发起飞试验点分开进行风险评估;发动机进气畸变试飞,往往将侧风条件下的发动机进气畸变和非侧风条件下进气畸变试飞分开进行风险评估。

9.3.2 识别危险

危险(hazard)是指可导致非计划或非期望的事件发生(也就是人员伤害、设备或财产受损、材料损失或功能丧失等)的一种条件、事件或环境。风险评估首先需要识别出使用特定的试飞方法、试验构型和试验环境可能会产生的风险。例如,发动机空起试飞时需要首先关闭一台发动机,就应重点识别关闭一台发动机这种特殊构型可能会产生的危险。识别危险时不需要关注正常飞行中可能会出现并且发生概率和严重程度不因特定试验而发生改变的危险,如鸟撞、结冰等。但是,自然结冰试飞要求飞机故意在强结冰区域飞行,飞机遇到强结冰的概率大大增加,由于故意强结冰区域飞行而产生的危险则应是识别的重点。需要注意的是,评估对象涉及的危险可能不止一个,需要逐一罗列。例如,失速试飞的危险包括"飞机失控"和"发动机进气畸变"两个危险,需要全部罗列。

9.3.3 分析致因

致因(cause)是指产生危险的原因或某一影响的产生因素。分析致因需多问几次为什么会出现这样的危险。例如,通过问"失速试飞为什么会出现飞机失控",可以分析出"失速改出能力不足""飞机进入深失速或者尾旋"等是失速试飞时飞机失控的致因。

9.3.4 分析后果

与分析致因的流程类似,多问几次危险的后果是什么。例如,飞机失控的后果可能会是整架飞机的损坏和全部机组人员的死亡。一般来说,危险的后果主要是指人员伤亡、飞机或机载设备的损坏,不包括飞机外部人员和财产的损坏。

9.3.5 评估发生概率

危险发生的概率指危险发生的可能性,分为 5 个级别,分别为:经常、可能、偶然、不太可能和极不可能。

（1）经常（frequent），经常发生。

（2）可能（probable），很可能发生。

（3）偶然（occasional），很少发生。

（4）不太可能（remote），不太可能发生。

（5）极不可能（improbable），极不可能发生。

需要说明的是，这个 5 个概率等级是基于经验的估计，与 CCAR 25.1309 中的失效概率不同，并没有严格的量值定义。

9.3.6　评估严重程度

危险发生后的严重程度指危险发生所带来的后果，表现为人员伤害、飞机损坏程度、对安全裕度的减少或增加机组工作负荷等方面。危险发生后可能会有多种可能的严重程度，风险评估主要关注最严重的后果。严重程度一般分为 5 个等级，分别为：灾难性的、危险性的、主要的、较小的以及对安全无影响的。

（1）灾难性的（catastrophic），人员死亡或飞机损毁。

（2）危险性的（hazardous），安全裕度大幅度降低，机组成员严重受伤或者飞机重大损伤。

（3）重大的（major），安全裕度显著降低，机组成员轻微受伤或者飞机较小损伤。

（4）较小的（minor），对于机组人员或者飞机的安全没有显著影响，但会轻微地增加机组人员的工作负荷和（或）降低安全。

（5）对安全无影响的（no safety effect），指对试飞安全没有影响，不低于正常运行的安全水平。

9.3.7　确定风险等级

风险等级是以发生概率和严重程度对非期望事件影响的表述，由危险的发生概率和发生后的严重程度共同决定。风险等级一般分为避免、高风险、中风险和低风险，如图 9-1 所示。

（1）避免（avoid），飞行试验或活动对于人员、设备或财产构成不可接受的风险。

（2）高（high），飞行试验或活动对于人员、设备或财产构成重大的风险，必须在各级进行严格监督。

（3）中（medium），飞行试验或活动对于人员、设备或财产的风险比正常操作要高，需要高于常规的监督。

（4）低（low），飞行试验或活动对于人员、设备或财产的风险不会比正常操作高。

对发生概率高、严重程度大的试验内容，应避免执行或者改用其他方法实施。

通常情况下,为了确保采用合适的保障等级,风险评估都是在应用风险降低措施之前进行。

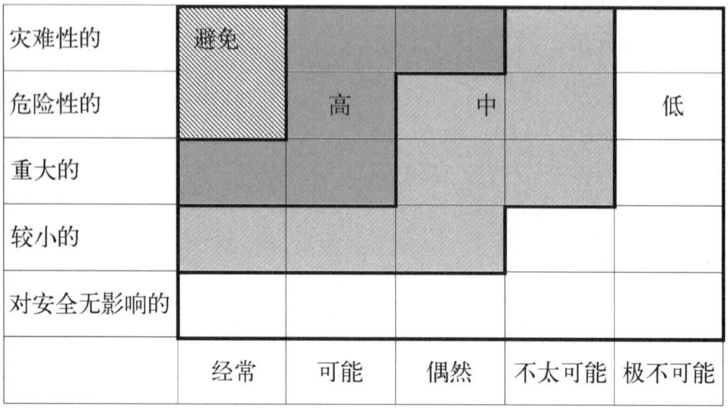

灾难性的	避免				
危险性的		高	中		低
重大的					
较小的					
对安全无影响的					
	经常	可能	偶然	不太可能	极不可能

图 9 - 1　风险等级确定

总的来说,评估危险发生的概率、发生后的严重程度以及确定风险等级并不是一件容易的事情,需要综合考虑多方面的因素,这些因素包括:

(1) 机组工作量。

(2) 飞机发生危险时的恢复能力(发生危险的高度、与障碍物之间的距离以及可用的恢复设备等)。

(3) 飞机形态(气动形态、重量重心等)。

(4) 飞行环境(气象、是否夜航、附近是否有飞机等)。

(5) 飞机成熟度。

(6) 试验顺序(是否有 buildup)。

(7) 飞机的限制条件。

(8) 飞机构型和故障情况。

(9) 地面试验结果。

(10) 试飞员的熟练程度。

风险等级评估看似简单,实际操作起来并不容易,上述每个因素都会直接影响评估的结果,因此看似相同的试验,风险评估的结果可能会有很大不同。例如,高平尾飞机容易进入深失速,其失速试飞的风险就要更高一些;飞机首飞时由于飞机成熟度不够,其收放起落架的风险要比获得了 TC 证的飞机收放起落架的风险大得多;同样是伴飞,经过训练的试飞员执行就要比其他飞行员风险低。

9.3.8　制订风险降低措施

飞行试验有一项重要原则"不接受可以降低的风险",开展风险评估的一个极为重要的目的就是制订风险降低措施,尽可能降低风险。用来降低试飞风险的行为和方法称为风险降低措施。风险降低措施主要有两个方面,分别为降低危险发生概率和降低危险发生的后果。例如,高风险科目往往要求"最小必要机组"就是要降低危险发生的后果;试验前对关键系统进行详细检查就是要降低危险发生的概率。常见的风险降低措施包括:

(1) 明确终止试验的条件(什么时候需要终止试验)。

(2) 明确试验时的气象标准(最低气象要求)。

(3) 试验前尽可能采用模拟器或其他成熟飞机进行相关试验方法的训练。

(4) 试验前尽可能地首先完成相关的地面试验(实验室试验或模拟器试验),地面试验无不良结果。

(5) 采用循序渐进逐步逼近的方法进行试验。

(6) 在地面对飞行试验进行实时监控。

(7) 伴飞。

(8) 在试飞机上安装应急离机系统,为机组配备降落伞、头盔等安全设备;海上飞行时配备救生衣、救生筏、防鲨剂等。

(9) 加装专门的安全设备,例如失速改出伞、尾橇等。

9.3.9   制订风险预案

风险预案是指风险发生后机组和其他试验相关人员需要采取的应对措施和方法,是风险评估的最后一个步骤,也是风险控制的最后一个环节。应该用重视但不依赖的态度来对待风险预案。例如,失速后的改出方法,发动机失效后的起动程序,舵面卡阻后的进近速度等,都是风险预案的重要组成部分。

9.3.10   试验后的总结

很多人都未将试验后的总结列入风险评估的流程,这里重点提出。每次飞行后对上次飞行的情况进行讲评,及时总结试验中发现的问题是降低试飞风险,避免悲剧发生的重要步骤。例如,国内某小型飞机在进行尾旋试飞时发现,中等重心的尾旋改出特性已经非常临界,整个团队及时总结,提前终止了整个尾旋试验,避免了后重心试验可能发生的灾难性后果。再如,我国某型飞机在进行过载杆力梯度试飞时发生飞机进入深失速的情况,事后深入分析表明试验过程中缺乏阶段性的总结是危险发生的重要原因之一。

9.4   试飞安全管理

试飞安全是贯穿整个试飞过程的永恒主题,因此,试飞安全管理是覆盖整个飞行试验工作的各个方面贯穿整个试飞项目的全部过程。为了做好试飞安全管理工作,几乎所有试飞组织都设置有专门的试飞安全管理委员会,国外一般称为风险评估委员会(Safety Review Board, SRB),国内一般称作风险管理委员会。

通常情况下,SRB 都是由经验丰富的试飞领域专家组成。为了确保 SRB 的客观性,SRB 的成员一般并不直接参与型号工作,这样做的好处是 SRB 并不受项目进度直接影响,更有利于客观、公正地对风险进行管理。SRB 设有一名主任,一般都由整个试飞组织的安全总监担任。ARJ21 - 700 飞机飞行试验主要由中国飞行试验研究院负责实施,因此其风险评估工作也主要由中国飞行试验研究院承担。中国飞行试验研究院下设有风险与方法委员会,负责对试飞任务的风险等级进行最终的评审和确定。

SRB 通过召开会议(简称 SRB 会)或者文审的方式对风险评估单的内容以及试飞科目的实施风险进行评估和审查,是风险评估单的最终批准者。SRB 会评估的内容包括试飞风险识别是否详尽、准确,风险等级划分是否合理,风险降低措施、风险预案是否完备、有效等。很多试飞单位例如空客、庞巴迪公司等都建立了标准的风险评估数据库,这些数据库的内容都得到了相应 SRB 的批准,可以直接用来开展飞行试验,而不是在每个科目开始前都召开 SRB 会,大大提到了试飞安全管理的水平和效率。

参考文献

［1］ NASA. Flight Test Safety Database(ftsdb. grc. nasa. gov) ［DB］.
［2］ 修忠信,由立岩. 民用飞机飞行试验风险评估指南［M］. 上海：上海交通大学出版社,2015.
［3］ FAA. Aircraft Certification Service Risk Management Program(Order 4040. 26B) ［S］. 2012. 1.

10 试飞中的适航管理

飞行试验是民用运输机适航审定的重要方法和手段,试飞过程中的适航管理工作必须符合规章要求。AP-21-03-R3《型号合格审定程序》规定了试飞过程中的适航管理程序,包括特许飞行证、审定试飞、制造符合性检查、TIA、局方试飞、局方目击等方面的程序和要求。如民用运输类飞机的飞行试验活动均需申请并获得局方颁发的第一类特许飞行证。用于审定试飞的试飞大纲、试飞任务单、试飞计划、试飞数据、试飞机构型均需得到局方批准或认可。表明符合性试飞和审定试飞前需进行制造符合性检查,审定试飞必须在颁发 TIA 后进行等[1]。

10.1 适航管理程序

表明符合性或审定试飞中主要的适航管理工作流程如图 10-1 所示。需要注意的是申请人需制订完整的试飞计划,表明符合性试飞和审定试飞计划需获得审查方认可或批准,以便协调审查方进行目击或参加审定试飞活动。另外,需要重点

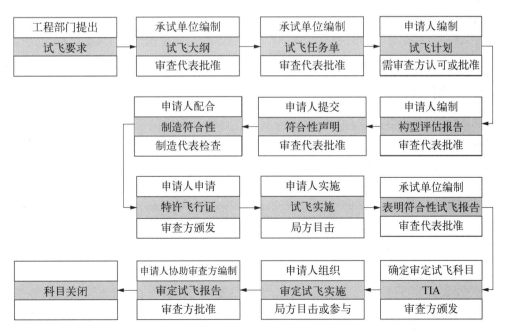

图 10-1 试飞适航管理流程

关注的是试飞机构型管理计划,构型状态是试飞活动开展的前提,更是试飞结果有效的基础。

10.2　特许飞行证

特许飞行证是申请人提请审查方批准颁发,用于进行试飞活动的合法依据。特许飞行证分为第一类特许飞行证和第二类特许飞行证。根据 CCAR21.212《特许飞行证分类》的规定,新研飞机进行的所有飞行涉及的试飞应当取得第一类特许飞行证。

特许飞行证的申请流程和要求如下:

(1)申请人根据特许飞行证有效期及后续安排,确定特许飞行证启动节点,在特许飞行证到期前需留出足够的时间启动该项工作。

(2)申请人需梳理和更新构型文件(包括 EO 清单、软件清册、设备清单),并根据构型文件清理试飞机机上贯彻情况,对开口项目进行评估,编制评估报告,协调局方完成批准。

(3)评估报告中有飞行限制或其他特别的要求(如故障等),需编制相关文件,进行跟踪和贯彻。

(4)申请人编制特许飞行证申请或者延期的函件,并协调局方发出特许飞行证制造符合性检查请求单。

(5)试验件承制单位和试飞改装承担单位根据请求单准备制造符合性声明,并协调项目总质量师签署制造符合性声明。然后协调制造检查代表进行特许飞行证颁发前的制造符合性检查。

(6)局方检查发现的不满意项,申请人需跟踪不满意项的关闭,由制造检查代表对整改情况进行核查,通过后局方将颁发特许飞行证。

10.3　制造符合性检查

制造符合性检查是表明试飞机构型与设计构型一致的证据,直接影响试飞结果的有效性。试验试飞现场的制造符合性检查工作主要包括试验试飞科目的制造检查、特许飞行证检查和 TIR 第一部分的检查及补充检查。

型号试飞(除申请人的研发试飞)需按照《航空器型号合格审定程序》(AP-21-03-R4)的要求,试验前协调审查代表完成试飞大纲的批准,并由工程审查代表发出试飞科目的制造符合性检查请求单,请求制造代表进行试飞前检查。

在协调制造代表进行制造检查之前,申请人应进行内部检查,并在制造检查代表进行制造符合性检查前提交制造符合性声明。

在进行制造检查时,需要向审查组提交试验构型描述文件,以确定制造检查的范围。构型描述文件中包括试飞机主要图纸、制造或者设计偏离,偏离对试验结果有效性的评估。

　　工程审查代表审查制造符合性检查代表的检查结果,以判断试飞机、测试改装状态是否满足开展试飞的要求。工程审查代表在试飞开始前处理所有的制造偏离,包括涉及产品及其安装的更改或改装的型号设计资料或试飞大纲的更改。

　　需要注意的是制造检查结果可以有偏离和开口项,但如果存在偏离和开口项,则申请人需要编写构型评估报告说明偏离和开口项对试飞结果的有效性没有影响,并提交主管工程代表进行确认。

　　试飞科目的制造符合性检查流程主要如下:

　　(1) 根据试飞计划,在试飞科目实施前应完成构型评估报告和大纲的批准并发出科目的制造符合性检查请求单。

　　(2) 申请人应根据请求单准备制造符合性声明,协调制造检查代表进行制造符合性检查,并在制造符合性检查过程中提供支持。对检查过程中发现的不满意项制订纠正措施和纠正计划,并进行跟踪管理。

　　(3) 局方检查完成后,完成制造符合性检查记录,并将检查记录返回给请求人,并通知工程代表目击试验试飞。

　　(4) 对制造检查记录进行跟踪管理。

10.4　型号检查核准书(TIA)

　　型号合格审定试飞是验证在预期使用环境下飞机能够安全运行的重要手段。重点关注飞机在各种飞行临界情况下,在不需要飞行人员的特殊技巧、能力和机敏的条件下,按照申请人制订的各种操作程序验证其使用安全性和安全裕度,以确保在预期的使用环境下满足CCAR25部规章所规定的安全标准。它同时也是运输类飞机取得TC证的关键环节和适航审定的重要内容。CCAR21部和AP - 21 - 03 - R3规定了审定试飞开始的前提条件是取得型号合格型号检查核准书(简称TIA)。

　　TIA是由审查组组长签发的用于批准审查代表(含委任代表)对航空器原型机进行审定飞行试验前检查、现场目击或进行飞行试验的文件,其作用等同于结构试验或者工艺试验的制造符合性检查请求单。但是TIA的要求更多,检查的内容更全面。TIA签发后意味着飞机具备了基本的适航性和飞行试验的安全性,并且确定了审查方参加的审定试飞科目。

10.4.1　TIA签发

1) 签发条件

审查组完成型号合格审定所要求的技术数据资料检查后,或者工作进展到能预见被检查的航空器或部件可满足适用规章时,审查方会向申请人签发TIA。在CCAR21.35条(一)中对审定试飞的前提条件是这样描述的:

　　1. 符合适航规章中有关的结构要求;

　　2. 完成了必要的地面检查和试验;

3. 航空器符合型号设计;

4. 申请人进行了必要的飞行试验,并提交了试验报告。

AP-21-03-R4 对于审定飞行试验和 TIA 的关系有了更为具体的阐述:审定飞行试验在签发 TIA 之后才可开始,必须依据 TIA 来进行。

CCAR21.35(一)的 4 点要求的目的是满足 TIA 颁发的条件,也是为了证明飞机基本的适航性和安全性,以及飞行结果的有效性。这 4 点要求就是 TIA 颁发的需要提交审查方审查"数据资料"的内容。在飞机取得审查组签发的特许飞行证完成首飞后,在飞机状态满足适航规章中对结构的要求后,TIA 签发的主要前提条件是:

(1) 完成本 TIA 中所包含飞行科目有关的符合性验证试验,以满足 CCAR21.35 条(一)第 2 点"完成了必要的试验"的要求。

(2) 完成本 TIA 中所包含飞行科目有关的表明符合性或者研发试飞(对于并行试飞科目),飞行试验结果得到审查代表的认可,以满足 CCAR21.35 条(一)第 3 点和第 4 点的要求。

2) TIA 的签发和管理

在满足上述签发条件后,申请人应配合审查组一起制订 TIA 颁发方案和 TIA 管理原则,确定 TIA 签发的形式和需要完成的具体验证工作。TIA 可以有两种颁发形式:

(1) 一个型号对应一个 TIA 加若干个附件。

(2) 一个型号对应多个 TIA。

ARJ21-700 飞机 TIA 颁发具有很好的借鉴和启发意义。ARJ21-700 飞机由审查组签发了 188 号信函"关于 TIA 和 ARJ21-700 飞机验证试飞的相关准备工作",该信函把 CAAC 审查组在 TIA 管理中坚持的总体要求和基本原则明确下来。但是在该阶段,对于 TIA 签发的方式和需要完成的具体验证工作内容,审查组和申请人还没有完全达成一致,如颤振是不是必须完成,工程模拟器是不是可用于飞行员的训练和飞行,研发试飞科目需要完成多少,飞机构型状态须满足的程度等。经申请人和审查组多次讨论,基于 ARJ21-700 飞机实际符合性验证工作状态和适航程序的要求,确定了 ARJ21-700 飞机的审查采用每架机颁发一个 TIA 的方案。

3) TIA 签发方式选择

一般飞机在首飞后难以在短时间内使所有的系统都满足 TIA 颁发的条件,为了平衡验证工作和项目进度的要求,对 TIA 的颁发方式,AP-21-03-R4 做了进一步描述:"型号检查核准书(TIA)可以分阶段或以递增的方式进行签发,以确保在进入下一阶段之前试验航空器已具备基本的适航性并确保审定飞行试验的安全性"。由此可以确定审定飞行可以依据一份 TIA 不间断地进行,也可以分阶段、分科目的进行,这就为 TIA 的颁发方式提供了多种选择。

TIA 的签发条件和 TIA 的签发方式有紧密关系。前文提到了 TIA 的两种签发方式:

(1) 一个型号仅有一份 TIA,该 TIA 随着飞机状态和引用文件的改变进行换版更新。按照 CCAR21.35 的要求,采取这种方式需要在 TIA 前完成构型的基本冻结,完成大部分验证试验(包括地面试验和试验室试验),飞机各系统已满足基本的适航性,并完成了大部分科目的表明符合性试飞工作。即在审定试飞前,申请人有信心或有证据表明在不对飞机状态进行大的更改的前提下,可以满足条款符合性的要求。这种方式适用于技术准备状态比较好、有良好的型号验证经验,或者是小的飞机项目。同型号的发展型或者是有成熟机型验证资料可以借鉴参考的飞机型号也可以考虑采用该方式。例如,塞斯纳 208A 型和 B757-200 型,均采用了一份 TIA 多次升版的方式。对于 ARJ21-700 飞机这种全新的型号,中国商飞又是新的申请人,飞机的构型状态有个逐步逼近的过程,证明飞机具有基本的适航性将是一个较长的过程。如果采用这样的方式,将对整个项目的进度造成大的影响。

(2)一个型号对应多个 TIA。对于复杂的、大型民用飞机项目,尤其是民机制造领域的新进入者,可以采用分阶段、分系统发放 TIA 的方式,即当飞机状态可以满足基本的飞行安全性以后,在完成基本飞行性能和操稳的表明符合性试飞后,对飞机的基本飞行性能和操稳签发 TIA。该 TIA 作为基本 TIA,以保证飞机基本满足适航性的要求,后续按照系统是否满足型号设计的状态逐步对一个或多个系统颁发 TIA。按照 CCAR21.35 的要求,在对单个系统或多个系统颁发 TIA 时,该 TIA 中包含的试飞科目已经完成了表明符合性的飞行,并提交了试飞报告,除非该 TIA 中包含的科目为并行试飞科目。采用该 TIA 颁发方式不再要求飞机构型全部冻结和完成大部分的申请人的试飞,大大减少了首飞后进入 TIA 的时间,可以有效地提高项目的适航验证工作的效率。

这种 TIA 的签发方式不需要所有的试飞大纲完成批准,只要求该 TIA 中包含的试飞科目的大纲完成批准。TIA 中 18A 的制造符合性检查也限于飞机的基本构型以及本 TIA 中的明确的试飞科目构型状态。

10.4.2 TIA 前需完成的科目

CCAR21 部和 AP-21-03-R4 规定 TIA 是审定试飞开始的前提条件,而 TIA 颁发的主要前提条件是完成必要的地面试验和飞行试验。通常在制订试飞方案时,申请人对完成哪些必要的地面试验和飞行试验需与局方达成一致。根据 ARJ21-700 飞机 TIA 颁发的经验,一般情况下,新型号民用喷气飞机需完成如下试验和试飞项目方可满足局方颁发首版(或首个)TIA 的条件。

1)原则上必须进行的试飞科目(表明符合性)

为满足基本的适航性和飞行试验的安全性,根据已有型号经验,以下试飞科目是 TIA 颁发前应当完成且试飞结果需得到局方认可的,当然试飞结果也可用于表明条款符合性。

(1)基本参数校准类科目:空速系统校准、大气总温校准和迎角校准。

(2)失速相关科目:失速速度、失速警告和失速特性(水平、转弯)。

（3）基本应急类科目：应急供电。

（4）基本强度类科目：颤振/ASE科目。

（5）基本性能数据类科目：加速停止距离（不包括最大能量中断起飞）、起飞性能、爬升性能和极曲线。

（6）基本操纵性和稳定性科目：航向操纵、横向操纵、静稳定性（横航向、纵向）、动稳定性（横航向）、机动特性（过载杆力梯度）和起落架/减速板收放。

（7）发动机基本特性科目：发动机工作特性、发动机操纵与控制、进气畸变和发动机排气。

（8）系统故障类试飞：液压系统（单套）故障。

（9）系统基本功能类试飞：防冰系统、大气数据系统、自动定向系统。

2）可以选择的试飞科目

在申请人研制经验和局方型号审定经验不足的情况下，局方通常会要求申请人完成更多的飞行试验以表明飞机首次TIA构型是基本冻结的和安全的。这类科目是可以协商的，申请人应根据飞机构型的实际情况考虑是否采用其他方式、方法来表明飞机构型的冻结和安全性。此类科目主要如下所示。

（1）起落架应急放试飞。

（2）高温、低温环境的试飞：空调系统的快速加温和冷却、设备舱和货舱通风，以及液压系统和舵面的检查等。

（3）侧风环境的试飞：进气畸变、发动机排气、辅助动力装置（APU）排气与引气污染等。

（4）雨天环境的试飞：除雨系统。

3）主要地面试验项目

（1）与本节1）和2）中"TIA前飞行试验科目"相关的前置地面试验。

（2）飞行机组应急出口地面试验。

（3）操纵器件相对飞行员座椅布置地面试验。

（4）静力试验、部分疲劳试验和鸟撞试验。

（5）闪电、辐射场、电磁兼容性检查试验。

4）建议

（1）考虑部分系统构型为非取证构型，为节约时间和成本，TIA前各系统的试飞科目安排应根据软硬件成熟程度进行，尽量少安排，建议充分利用地面试验解决系统的成熟度和调参问题。

（2）飞机"平台"相关科目除颤振必飞之外，主要解决空速校准和失速问题即可，操稳科目应当酌情少安排。

5）说明

TIA前试飞科目的数量和科目的选取是矛盾的事。从构型稳定和TIA后试飞科目开展顺利的角度看似乎数量越多越好；从及早进入TIA尽快开展审定试飞科目的角度来看又是越少越好,在确定时需要很好地平衡这两者的矛盾。

ARJ21-700 飞机 TIA 前进行了包线扩展、系统调参、检飞、排故等四类研发试飞;进行了空速校准、操稳、失速和颤振/ASE 等表明符合性试飞。

对比 ARJ21-700、B787、CRJ900、A380 初次颁发 TIA 的时间,首飞到初次颁发 TIA 的时间分别是 39 个月、2 个月、2 个月、2 个月。虽然无法得到国外相关机型 TIA 前试飞科目清单,但是从这些机型 TIA 前只有 2 个月的试飞时间来看,它们的试飞科目远远少于 ARJ21-700 飞机。

ARJ21-700 飞机 TIA 前进行的 49 项表明符合性试飞科目(见表 10-1)虽然在 TIA 前局方均书面认可了试飞结果,但由于进入 TIA 后飞机构型变化较大导致这些科目大部分都重新进行了试飞,有些科目甚至反复了多次。

表 10-1 **ARJ21-700 飞机 TIA 前试飞科目**

序号	科 目 名 称	序号	科 目 名 称
1	空速系统校准和总温校准	22	机翼水平失速特性
2	迎角校准 AOA	23	30°坡度转弯失速特性
3	失速速度	24	失速警告(加速失速告警和大坡度机动转弯)
4	起飞性能	25	颤振试飞
5	加速-停止距离	26	气动伺服弹性(ASE)试飞
6	起飞爬升	27	地面快速冷却
7	进场爬升	28	地面快速加温
8	着陆爬升	29	地面稳态冷却
9	极曲线	30	地面稳态加温
10	过载杆力梯度——机动特性	31	标准大气、热天和冷天地面和飞行时空调系统的功能和性能
11	起落架/减速板收放	32	飞行时电子设备舱和驾驶舱显示器通风地面和飞行试验
12	航向操纵		
13	横向操纵——双发工作	33	货舱通风和加温地面和飞行试验
14	纵向静稳定性——爬升	34	应急供电
15	纵向静稳定性——高速巡航	35	低温条件下襟/缝翼伸出
16	纵向静稳定性——低速巡航	36	液压系统低温试验
17	纵向静稳定性——起落架放下巡航	37	3#液压系统故障
18	纵向静稳定性——进场	38	风挡雨刷除雨试验
19	纵向静稳定性——着陆	39	大气数据系统试飞
20	横向和航向静稳定性	40	姿态与航向基准系统试飞
21	横航向动稳定性	41	自动定向仪试飞

（续表）

序号	科 目 名 称	序号	科 目 名 称
42	引气系统功能和性能地面验证	46	进气畸变
43	辅助动力装置排气与引起污染试验	47	发动机排气
44	发动机工作特性	48	干空气条件的短舱防冰
45	发动机控制与操纵	49	寒冷条件下的全机检查

　　CCAR21 部并未规定 TIA 前的具体试飞科目，通常这个问题首先取决于审查方（经验和信心）；其次受飞机构型成熟度制约；第 3 个重要的因素是申请人的能力和经验（也可以说是局方对申请人水平的评估结果）。科目的选择是双方协商的结果。

　　由于在颁发 TIA 这项工作上，申请人和局方都缺乏经验，认识也是经历了较长时间的实践才逐步统一的，甚至在颁发 TIA 后的一段相当长的时间内，对一些认识仍有不一致的地方。因此，ARJ21‑700 飞机的经验并不能作为一个典型的参考案例，作为特例较为合适，后续型号应该在此基础上走得更快、更好。

10.4.3　TIA 内容

　　TIA 一般包括以下内容。

　　（1）授权审查产品的信息。

　　（2）型号合格审定基础。

　　（3）产品（飞机）类型。

　　（4）改型说明。

　　（5）飞机基本参数和限制：设计速度、设计最大马赫数、设计重量、最大使用高度、最大座舱压差、重心限制、货舱及行李舱的位置和最大装载、结构和机动限制等。

　　（6）发动机信息：型式、型别、数据单号、起飞状态、低增压比、高增压比、最大允许温度等。

　　（7）螺旋桨信息（喷气式飞机不适用*）。

　　（8）旋翼机信息（固定翼飞机不适用*）。

　　（9）检查报告：有无进行 100 h 检查。

　　（10）设备清单。

　　（11）型号检查报告：包括完成 TIA 签发前的型号检查报告和 TIA 签发后的型号检查报告，以及其他特殊试验；TIA 首次签发后，TIA 的检查内容可根据型号审查的实际情况由审查方进行更新。

---

　　* 为编者注。

（12）TIA 风险评估：提出审查方需进行的风险评估和需遵守的限制和程序。

10.5　审定试飞科目确定

对于审定试飞科目的任务量，审查方没有明确的量化标准。除 AP-21-03-R4"7.18.5 飞行试验"中列出的那些典型的并行科目之外，审查方可以要求 100% 重复申请人的试飞。根据 ARJ21-700 飞机适航审查工作的经验，在申请人技术体系和审查方审查体系较成熟的情况下，审查方应 50% 重复申请人的试飞；在申请人技术体系和审查方审查体系的经验相对较少的情况，审查方应 85% 重复申请人的试飞。

审定试飞科目的确定主要取决于局方对于飞机构型状态及申请人试飞结果的信心，在申请人前期准备工作充分的情况下，可减少审查方重复试飞量。

10.6　局方目击

申请人根据试验试飞的重要程度向审查方提出目击安排建议。在目击试验试飞过程中，对发现的问题审查方发出试飞观察问题记录单。在接收到试飞观察问题记录单后，申请人按需组织设计、制造和试飞承试单位进行问题的解决和答复。如果试飞中止，那么当中止原因排除后，向审查方提出恢复试飞的申请报告，经批准后才能恢复试飞。试飞完成后，协助审查组编写试飞观察报告（CAAC 表 AAC-122）。申请人编制试飞报告并得到审查方批准后，试飞科目关闭。

10.7　局方试飞员和试飞工程师试飞

局方试飞员和试飞工程师需经过所审查飞机的专业培训方可进行试飞。通常情况下，局方试飞员为副飞行员，申请人试飞员为安全机长，并负责试飞安全，试飞工程师负责试飞任务单和试飞结果的确认，并编制试飞报告。

10.8　试飞大纲、试飞结果和报告的批准

试飞大纲通常在签发 TIA 前获得审查方批准，并完成相应的风险评估。每次试飞完成后，需确认试飞结果的有效性，并得审查方的认可。试飞报告分为申请人试飞报告和局方试飞报告，局方试飞报告通常在申请人试飞报告的基础上完成，并对申请人试飞结果进行检查。试飞报告应在试飞工作完成后尽快完成批准。

参考文献

［1］　CAAC.航空器型号合格审定程序（AP-21-AA-2011-03-R4）［S］.2011.

11 特殊气象和特殊场地
条件下的试飞

专项外场试飞主要为在各种极端气象条件下和特殊机场环境下对飞机的性能和各系统工作特性的考核试飞。高寒试飞、大侧风试飞、高温高湿试飞、自然结冰试飞、高原试飞、航电系统部分试飞、风挡除雾试飞、最小机组和功能与可靠性试飞等试飞任务一般都需要进行专项外场试飞。从气象数据的积累到机场的选择;从空域航路的协调到机场保障的落实;从飞行环境的要求到试飞方法的确认,每一方面的工作都是外场试飞不可或缺的部分,决定着外场试飞能否成功。

11.1 外场试飞的特点

由于外场试飞本身具有特殊的场地或者气象要求,而且外场相应的保障条件难以达到本场的水平。因此,外场试飞的组织和实施相比本场难度较高。外场试飞主要的困难在于以下几点。

1) 气象预测要求高

对于特殊气象要求的外场试飞,需要事先确定合适的专项外场试飞基地。为捕捉满足要求的气象条件,需要完备的气象预测手段和相应数据累积的支持,甚至需要聘请外部团队进行支持。ARJ21 - 700 飞机外场试飞是基于一定的气象数据研究,针对不同的外场试飞要求,调研了不同的机场后开展实施的。目前我国民用飞机,特别是运输类飞机的设计规范和适航标准,均是借鉴美国和欧洲的技术水平和运营环境制定的。特别是运营环境,我国地处北半球东亚季风气候区,有其自身独特的大气环境。目前通用的国际民用飞机的运营环境包线,包括温度包线(ISA-55℃至 ISA$+25$℃)和湿度包线(绝对湿度$\geqslant 19$ g/kg)等,超出了我国大部分地区的实际运行气象条件,寻找此类试验基地较为困难。

2) 航线申请困难

目前调机计划的申报程序使得组织快速的灵活性的特情外场试飞难以实现。调机计划申报一般需提前 3 天至 1 周,调机计划申请成功后仅 3 天内有效,超期需重新申报。由于某些气象国内尚无非常完备的中长期预测数据,因此难以提前较为准确地预报气象。比如自然结冰试飞,气象条件非常难捕捉,国外民机试飞进行自然结冰试飞时,可以很方便地利用全球的有效资源,并且在执行期间作为常备计划,哪里有云到哪里飞,进行追云试飞。目前国内调机计划申报的模式使得我们只能提前至试验基地做好准备,等待合适的气象条件。

3)空域限制

外场试飞经常受到试飞空域的限制,组织实施难度很大,专项外场试飞效率不高。目前国内供民机试飞的空域有限,尤其是在特殊气象地区这样的空域几乎没有。确定试飞基地后,需要尽早协调相关方面,临时划出能够满足试飞需求的空域。而民机试飞通常对空域要求较大,有些科目需要远距离飞行,当涉及这些需要较大空域的试飞时,组织和协调难度更大。

另外,在ARJ21-700飞机特情外场试飞过程中,由于受到空域等限制,在没有满足气象条件的时间内,飞机一般只能等待,无法进行其他科目的试飞,从而也使得专项外场试飞的效率不高。

4)机场选择困难

军用机场的保密要求高、机场保障条件有限,而干线民航机场十分繁忙,支线民航机场保障条件有限等,也使得专项试飞组织实施难度较大。

由于民航机场特别繁忙,同时一般没有独立的空域,因此在满足气象要求的试验点,一般首先考虑当地的军用机场,但军用机场的保密要求高,飞机的保障会受到一定的影响。

对于需使用民航机场设备配试的科目来说,需寻找合适的民用机场。民航机场由于要保障国内国际航班的正常,涉及公众利益、公共安全和经济效益,而在民航机场的民机试飞有两个方面的特殊性:一方面,对于特情试飞的科目,由于是对特殊气象的要求,需要在符合气象条件时及时放行,如自然结冰试飞,可能会受到航班起降的限制;另一方面,对于验证机场设备的科目,往往需要在机场跑道进行多次起降或在起降航线上进行特殊的动作,一般也会受到航班起降的限制。

目前我国的有极端气象的民航机场多是支线机场,但这些机场的各方面保障条件比较简易,民航航班为了降低运营风险,只是过站停留,不在这些机场过夜或逗留很长时间。因此,在这类机场开展试飞需要事先确认需要补充的保障设施。如对于高寒试飞来说,漠河机场的气象更具优势,但其跑道条件和相关保障难以满足ARJ21-700飞机在此进行试验试飞的保障要求,要达到保障民机的试飞临时基地的条件,需要进行跑道延长和相关的保障设施的建设,从时间和成本上都是不可能的。

5)部分科目组织难度大

民机试飞要在任何可能出现的运行情况下对飞机进行验证,而在真正运行时又要尽可能避免发生这样的情况。如大侧风试飞,一般的民用机场的建设都是在研究当地风速风向的基础上,跑道沿着当地顺风向进行建设,难以遇到满足要求的侧风条件。目前国内只有鼎新机场能找到大侧风气象,然而由于当地的地质地貌情况,在鼎新如风速超过 24 kn 左右就有沙尘暴,此时飞机又不能起飞;鼎新机场风速很不稳定;而且鼎新机场没有民航的导航设备,CATⅡ进近科目侧风试飞需要另外再找合适的机场进行。

再如溅水试验,发动机、辅助动力装置在吸入过量的水后容易发生喘振、失速和熄火。需要演示飞机通过积水的滑行道和跑道时,进入发动机进气道的水雾不会对其使用造成不利影响。试验前需在试验跑道构建试验水池,按照适航要求,其90%的水面应保持 12.7 mm(0.5 in)的水深。因此,该项试验需要尽可能平的跑道,不至由于跑道的坡度问题造成部分区域积水过深,而通常民航机场跑道的坡度均不能满足这样要求,而且由于需要占用跑道时间,因此几乎没有在民航机场进行试验的可能。ARJ21‐700 飞机的溅水试验是在试飞院专用的跑道上进行的。

11.2　特殊气象条件下的试飞

特殊气象要求的试飞任务旨在检验在特殊气象条件下飞机及其系统的特性。这些特殊气象也标志着飞机运行的极限条件,而且验证的包线一般会大于手册中的正常使用包线。运输类飞机特殊气象试飞任务一般都具有气象条件苛刻、试验风险高和条件稀缺的特点。因此,对相关试验的前期准备和计划性要求极高、容错率低。此外,鉴于上述特点,一般这类试验应尽量采用并行试飞的形式开展。

对于运输类飞机,下面就 ARJ21‐700 飞机自然结冰试飞、高温试飞、高寒试飞和大侧风试飞对特殊气象条件试飞做进一步叙述。

11.2.1　自然结冰试飞

11.2.1.1　自然结冰试飞概述

CCAR‐25 部附录 C 对自然结冰气象条件的要求沿用 FAR25 附录 C 的要求。而 FAR25 部是根据北美五大湖地区的结冰气象特点对结冰气象进行定义。由于国内符合 CCAR‐25 的结冰气象条件极少,且国内可供参考的运输类飞机结冰试飞案例不多,因此国内对于自然结冰气象和试飞研究均不够[1]。

ARJ21‐700 飞机自然结冰试飞进展比较曲折。ARJ21‐700 飞机自然结冰试飞主要分为两个阶段,分别为国内自然结冰试飞阶段和北美自然结冰试飞阶段,如表 11‐1 所示。ARJ21‐700 飞机 104 架机(B‐1110L)于 2010 年 3 月、2012 年 3月、2013 年 11 月和 2014 年 2 月 4 次赴新疆乌鲁木齐开展自然结冰试飞。但仅在2012 年 3 月 19 日捕捉到一次结冰气象,完成了少部分系统试飞科目。2014 年 3月,ARJ21‐700 飞机转场加拿大温莎机场,在 10 天时间里共执行 9 架次飞行,其中 7 个架次捕捉到了满足 CCAR25 部附录 C 要求的自然结冰气象条件,完成了

ARJ21-700 飞机除最大间断自然结冰气象试验点之外的所有自然结冰试飞内容。

表 11-1　5 次自然结冰试飞任务完成情况概述

阶段	时　间	完成科目及试验点	备　注
国内自然结冰试飞	2011 年 3—4 月	无	进行 3 架次自然结冰表明符合性试飞,未捕捉到满足条件的结冰气象
	2012 年 3 月	完成自然结冰条件下风挡、机翼和短舱防冰系统 3 个科目共 10 个试验点	进行 5 架次自然结冰审定试飞,其中 1 架次有效
	2013 年 11 月	完成高升力系统缝翼作动器工作温度测量科目,共计 1 个试验点	进行 7 架次自然结冰审定试飞,未捕捉到满足条件的结冰气象
	2014 年 2 月	无	进行 2 架次自然结冰审定试飞,未捕捉到满足条件的结冰气象
北美自然结冰试飞	2014 年 3—4 月	完成了除最大间断自然结冰试验点之外的所有自然结冰试飞任务	9 架次飞行中共有 7 个架次捕获到了满足 25 部要求的自然结冰气象条件,完成了 ARJ21-700 飞机除最大间断自然结冰气象试验点之外的所有自然结冰试飞内容

　　2011 年实施的自然结冰试飞是在 TIA 之前进行,只能算是申请人表明符合性试飞;且由于 2011 年并没有完成任何试验点,因此仅在试飞组织和气象预报方面取得了一些收获。后面的 4 次自然结冰试飞均是在 TIA 之后完成,考虑到自然结冰气象条件极难捕捉,因此,局审查组将自然结冰试飞选定为并行试飞科目。前 4次国内自然结冰试飞虽然完成的试飞任务较少,但是通过这几次的试飞暴露了飞机的一些问题,并积累了试飞组织和气象预报的经验,为最终北美自然结冰试飞的成功奠定了基础。

11.2.1.2　自然结冰试飞目的和内容

　　根据 CCAR25.1091a、25.1093b、25.1301d、25.1309a、25.1323e、25.1325b、25.1419 的要求,在符合 CCAR-25-R4 附录 C 所定义的结冰气象条件下飞行时,飞机各系统(环控、防冰、电源、发动机、APU、导航、大气数据系统)应该能够正常工作并使飞机主要部位不产生结冰,以及在一定的机体结冰条件下飞机具有足够的性能和操纵品质使飞机安全飞行。

　　在进行自然结冰试飞前,应先进行模拟冰型试飞,通过自然结冰试飞时飞机未防护表面结冰的形状来检验模拟冰型试飞所采用的冰型的正确性。ARJ21-700飞机自然结冰试飞的主要科目及目的如表 11-2 所示。

表 11 - 2　ARJ21 - 700 飞机自然结冰试飞科目及目的

序号	科目/系统	试飞内容	试飞目的
1	发动机风扇冰积聚	在 CCAR25 部附录 C 规定的最大连续结冰气象条件下飞行至发动机风扇发生 3 次冰脱落；若未发生风扇冰脱落则应飞行 45 min 或尾翼前缘结冰厚度达到 2.5 in(63.5 mm)	验证在附录 C 规定的结冰条件下，发动机在整个飞行功率（推力）范围（包括慢车）工作，发动机部件上没有不利于其运转或引起功率或推力严重损失的冰积聚
2	发动机短舱防冰	进入结冰区域前和延迟 2 min 打开短舱防冰（NAI）开关的情况下进入结冰环境 5～10 min	验证自然结冰条件下短舱防冰系统功能，检查"2 min 延迟"对工作发动机的影响
3	机翼防冰	进入结冰区域前、进入结冰区域以后、延迟 30 s 打开机翼防冰（WAI）进入结冰环境 5～10 min	验证自然结冰条件下机翼防冰系统的性能及飞机相关显示、告警、控制逻辑功能
4	性能/操稳	在结冰环境中飞行 45 min 或尾翼前缘结冰厚度达到 2 in(50.8 mm) 后出云层进行性能/操稳机动动作	验证自然结冰后飞机的飞行性能和操稳性能
5	RAT 释放功能	在飞机结冰状态下，左右主发电机通道正常工作的情况下，手动释放 RAT	检查结冰状态下 RAT 系统应急释放的能力
6	大气数据系统检查	自然结冰飞行过程中观察空速、气压高度显示是否正常	验证自然结冰飞行对大气数据系统的影响
7	风挡防冰	自然结冰条件下检查风挡加温功能	验证风挡加温系统防冰功能和告警指示
8	APU	进入结冰区域前起动 APU，飞离结冰区域后关闭 APU	检查自然结冰条件下 APU 工作是否正常

11.2.1.3　自然结冰气象要求

自然结冰各科目对结冰气象的要求不尽相同，可将相同气象条件的试验点结合执行以减少进入结冰云层的次数，ARJ21 - 700 飞机自然结冰试飞共涉及机翼防冰等 11 个科目，气象要求如表 11 - 3 所示。

表 11 - 3　ARJ21 - 700 飞机自然结冰试飞各科目的结冰气象要求

序号	专业	科目名称	气象条件及进入要求
1	环控	机翼防冰	进入连续最大结冰气象 5～10 min （风挡防冰 3 次、机翼防冰 4 次、短舱防冰 4 次） 3 个科目结合飞行，故总共需进入 4 次 进入间断最大结冰气象 2 min （各科目均只需进入一次 1 次，结合飞行，总共需进入 1 次）
2		风挡防冰	
3		自然结冰条件下的短舱防冰	

（续表）

序号	专业	科目名称	气象条件及进入要求
4	动力	发动机风扇冰积聚	进入连续最大结冰气象条件等效时间达45 min，或结冰厚度达到2 in(50.8 mm)，以后到者为准，但结冰厚度不需大于3 in(76.2 mm)发动机不同构型进入3次
5		发动机振动及发动机振动监控组件(EVMU)功能验证	结合
6	APU	APU功能检查	结合
7	导航	大气数据系统	结合
8	操稳	自然结冰	进入连续最大结冰气象条件等效时间达45 min，或结冰厚度达到2 in(50.8 mm)，以后到者为准，但结冰厚度不需大于3 in(76.2 mm)进入次数按需，以完成操稳动作为准，也可以与发动机风扇冰脱落相结合
9	电源	应急供电	结合
10	飞控高升力	高升力系统缝翼作动器工作环境温度测量	结合
11	自动飞行	失速告警-自然结冰试飞构型	结合

11.2.1.4 自然结冰试飞方法

自然结冰各科目的试飞方法具有相似性，即将飞机调整到试验要求的状态后进入结冰云层飞行，按照试验决策程序脱离云层进行相关的检查，ARJ21 - 700飞机自然结冰试飞方法如下。

1) 自然结冰条件下的机翼防冰

（1）防冰系统稳定后进入：机翼防冰系统工作且稳定后进入连续最大结冰气象条件，试飞5～10 min后脱离结冰云区。

（2）防冰系统正常打开：进入连续结冰气象条件后，待结冰探测系统发出结冰告警信号时，打开机翼防冰系统，试飞5～10 min后脱离结冰云区。

（3）防冰系统延迟打开：进入连续结冰气象条件后，待结冰探测系统发出结冰告警信号时，延迟30 s打开机翼防冰系统，试飞5～10 min后脱离结冰云区。

（4）单发引气机翼防冰：襟/缝翼"3"卡位，左发慢车状态引气供机翼防冰系统，右发引气供空调系统，待机翼防冰系统工作稳定后进入结冰气象条件，试飞5～10 min，脱离结冰云区，同时考察引气失效情况、最小引气量情况、缝翼伸出的情况。

2) 自然结冰条件下的风挡防冰

风挡防冰试验采用风险从低到高的顺序执行，即先进行左右风挡加温"HIGH"

模式试验,后进行单侧加温"LOW"模式另一侧"HIGH"模式试验,检查单侧"LOW"模式的防冰功能。

(1) 两侧"HIGH"位:左右两侧风挡加温系统在"HIGH"模式工作稳定后,进入连续最大结冰气象条件,风挡防冰功能至少工作 5 min。

(2) 左"HIGH"右"LOW"位:左侧风挡加温置于"HIGH"模式,右侧置于"LOW"模式,进入连续最大结冰气象条件后,待结冰探测系统发出结冰告警信号时,将右侧风挡加温开关置于"HIGH"模式,风挡加温系统防冰至少工作 5 min,考察在右侧风挡加温置于"LOW"模式时风挡加温能力。

(3) 左"HIGH"右"LOW"位:左侧风挡加温置于"HIGH"模式,右侧置于"LOW"模式,进入连续最大结冰气象条件后,待结冰探测系统发出结冰告警信号时,延迟 30 s 后将右侧风挡加温开关置于"HIGH"模式,风挡防冰至少工作 5 min,考察在左侧风挡加温置于"LOW"模式时风挡加温能力。

(4) 雨刷检查:在连续最大结冰气象条件下,脱离结冰区域后将左侧风挡雨刷置于"LOW"模式工作约 5 s 后关闭,检查雨刷运动是否正常。

3) 自然结冰条件下的短舱防冰

(1) 延迟打开:在进入结冰区域前,飞机以待机状态稳定平飞,右发(被试发动机)在飞行慢车状态工作。进入结冰区域后,待结冰探测系统发出结冰告警信号之后,延迟 2 min 打开右侧 NAI 开关,监测 NAI 参数,结冰气象参数位于 CCAR-25 附录 C 规定的结冰包线内飞行 5～10 min 后,脱离结冰区域。

(2) 稳定后进入:飞机以待机状态稳定平飞,双发功率状态按需工作,打开短舱防冰且供气温度稳定后进入连续最大结冰气象条件,监测 NAI 参数,结冰气象参数位于 CCAR-25 附录 C 规定的结冰包线内飞行 5～10 min 后,脱离结冰区域。

(3) 慢车稳定后进入:飞机以待机状态稳定平飞,右发慢车状态,左发按需状态,打开短舱防冰且工作稳定后进入连续最大结冰气象条件,监测 NAI 参数,结冰参数位于 CCAR-25 附录 C 规定的结冰包线内飞行 5～10 min 后,脱离结冰区域。

4) 发动机风扇冰积聚

(1) 进入结冰云区前,将右发 A、B 点火器断路器断开;环控系统(ECS)按需工作,机翼防冰和短舱防冰均打开并工作正常。

(2) 高度 0～22 000 ft,连续最大结冰条件下,试验发动机分别以慢车、待机以及最大爬升等 3 种不同功率状态稳定工作,调整非试验发动机保持飞机飞行状态。以 N1 振动值变化为主,结合视频、声音及飞行员感受,分别在每种功率状态下完成 3 次风扇冰自然脱落循环,在每次进入结冰区前,应保证发动机 N1 振动值正常。

(3) 如果没有观察到 3 次发动机风扇冰脱落循环,则满足以下条件之一时,试验点完成,本次试验有效:

a. 45 min 内平尾处结冰厚度达到 3 in(76.2 mm)。

b. 45 min 内平尾处结冰厚度超过 2 in(50.8 mm)但小于 3 in(76.2 mm),则继

续飞行,直至时间满足 45 min。

c. 45 min 内平尾处结冰厚度小于 2 in(50.8 mm),则继续飞行,直至平尾处结冰厚度达到 2 in(50.8 mm)(45 min 飞行时间为等效时间,计算方法如下:等效时间=实际飞行时间×结冰强度系数)。

5)发动机振动检查及 EVMU 功能试验验证

结合发动机风扇冰积聚。

6)自然结冰条件下的辅助动力装置功能

飞机在结冰区域飞行时,APU 运转,检查 APU 是否正常工作。

7)大气数据系统

在自然结冰条件下检查大气数据系统,包括空速、温度等是否正常。

8)自然结冰——操稳检查

(1)按照飞机飞行手册的操作程序打开机翼防冰、短舱防冰和风挡加温。

(2)结冰云层中,飞机以待机速度保持稳定平飞或四边形水平飞行,完成自然结冰待机飞行[待机飞行时间定义为符合 CCAR25 部附录 C 结冰环境 45 min(等效时间)或未防护表面结冰厚度达到 2 in(50.8 mm),取较长时间为准,但结冰厚度不超过 3 in(76.2 mm)],飞机飞离结冰云层,结冰告警消失后关闭机翼防冰系统。

(3)满足结冰要求后,完成操稳检查机动动作。

9)自然结冰——失速告警

结冰云层中,飞机以待机速度保持稳定平飞或四边形水平飞行,飞机探测到结冰条件后,打开机翼防冰系统。在 $1.3V_{SR}$ 配平,操纵升降舵以不大于 1 kn/s 的减速率减速,直至失速告警触发,然后飞行员快速推杆改出。

10)自然结冰——失速保护推杆

(1)结冰云层中,飞机以待机速度保持稳定平飞或四边形水平飞行,飞机探测到结冰条件后打开机翼防冰系统。

(2)在 $1.3V_{SR}$ 配平,操纵升降舵以不大于 1 kn/s 的减速率减速,直至飞机推杆器工作。

(3)推杆改出失速。

11)自然结冰——应急供电

在飞机结冰状态下,左右主发电通道正常工作的情况下,手动释放 RAT,检查结冰状态下 RAT 系统应急释放的能力。

11.2.1.5 自然结冰试飞机上决策

自然结冰试飞需要试飞机根据气象条件追逐结冰云团开展试验,极有可能超出地面监控遥测的范围,而且机体结冰情况需要通过观察机体外表面多个位置综合判断。因此,需要机上参试人员进行实时决策,以确定结冰情况是否满足试验要求和继续后续试验。为确保试验有效和安全地进行,机上设 3 名试飞工程师负责如下工作:

（1）监控结冰气象参数液态水含量（liquid water content，LWC）、等效时间等参数；监控飞机飞行姿态、EICAS 异常信息等情况；监控发动机振动、转速、短舱防冰、机翼防冰等参数；记录发动机、平尾等部件异常振动或声音的情况。

（2）观察机身表面的结冰情况（机翼、翼梢小翼、发动机、平尾），判断是否影响试飞安全；判断已结的冰是否满足相关科目的要求，是否退出结冰云层。

（3）移动摄像，拍摄未监控表面及机翼、翼梢小翼的结冰情况。

（4）随时观察发动机短舱唇口处的结冰情况，记录发动机异常声响和时间。

11.2.1.6　自然结冰试飞有效性确认

ARJ21-700 飞机北美自然结冰试飞重点监控 3 个方面，即防冰系统、发动机防冰以及失速。对于自然结冰气象条件下的机翼防冰、风挡防冰和短舱防冰试飞，主要使用防冰系统监控画面；对于发动机风扇冰积聚试飞，主要使用发动机防冰监控画面；对于操稳自然结冰试飞，在结冰云层中飞行期间，主要使用发动机防冰监控画面，在出云后完成操稳机动期间，主要使用失速监控画面。

自然结冰试飞涉及的科目和试验内容较多，每个科目有效性确认需要考虑的问题不尽相同，详述如下。

1）最大连续自然结冰气象条件下的防冰系统试飞

防冰系统试飞包括自然结冰条件下的机翼防冰试飞、短舱防冰试飞和风挡防冰试飞，最大连续自然结冰气象条件下的防冰系统试飞的有效性确认方法如下。

（1）气象条件：液态水含量大于 0.7 倍的最大连续自然结冰气象条件标准值，并且持续时间超过 5 min。如果结冰气象出现间断（液态水含量小于 0.7 倍的标准值）的时间超过 30s，则计时清零后重新计时。

（2）系统要求：对于待机试验点，必须确保飞机防冰系统打开并稳定工作后进入结冰云区；对于延迟打开试验点，则必须确保飞机出现结冰告警信号并且延迟特定时间（根据大纲要求）后，再打开防冰系统。

2）操稳自然结冰试飞

（1）结冰厚度：结冰厚度必须超过 2 in（50.8 mm）。实际试飞中由于小翼处的结冰厚度较难判断，因此结冰厚度主要以平尾处的结冰厚度为准。

（2）结冰剩余量：翼梢小翼上必须有冰（冰不能完全脱落），平尾冰脱落不超过 1/3。

3）风扇冰积聚试飞

（1）结冰时间：完成了 3 次风扇冰脱落循环或者结冰厚度达到操稳自然结冰试飞要求。

（2）系统要求：发动机功率满足试验点要求，试验发动机自动点火断路器拔出。

11.2.1.7　自然结冰试飞数据分析及判据

自然结冰试飞各科目数据分析前，首先应根据数据确定试验期间的气象条件与 CCAR-25 附录 C 相符合，结合视频、飞行员及机上参试人员的评述确定机体结冰及各系统响应的情况。

1) 等效时间

在自然结冰试飞的过程中,气象组合探头(cloud combination probe,CCP)所探测到的 LWC_{REAL} 一般会偏离 CCAR-25 附录 C 提供的大气数据标准值 LWC_{CM},采用等效因子 F 计算等效飞行时间:

$$F = LWC_{REAL}/LWC_{CM} \qquad (11-1)$$

等效时间为飞行时间(LWC 值为标准值的 $70\%\sim130\%$)乘以等效因子 F。

2) 防冰系统

防冰系统自然结冰试飞包括自然结冰条件下机翼防冰、短舱防冰和风挡防冰。

将缝翼改装件前缘蒙皮测点温度、短舱前缘蒙皮测点温度、风挡玻璃外表面温度、风挡玻璃内表面温度、结冰信号等参数作时间历程曲线,结合视频、气象参数等数据判断自然结冰条件下机翼、短舱、风挡防冰系统以及结冰探测系统是否正常工作、保证防护表面不结冰,通过获取自然结冰条件下机翼、短舱、风挡加温防护面的温度,判断防冰系统加热能力是否足够。各系统判据如下:

(1) 机翼防冰试飞。

a. 机翼防冰系统控制功能及各附件功能均正常。

b. 面板操作与指示、简图页信息和机组告警系统(CAS)信息正常。

c. 系统供气压力、温度在设计要求范围内,各测点的温度分布与理论分析趋势一致。

d. 打开机翼防冰供气,待系统工作稳定后机翼前缘防护区表面无积冰。

(2) 短舱防冰试飞。

a. 面板操作与指示、简图页信息和 CAS 信息正常,各部件功能正常。

b. 通过观察短舱前缘防护区内无结冰,各测点温度曲线与理论分析相吻合。

(3) 风挡防冰试飞。

a. 风挡加热系统功能正常,未出现风挡加热系统 CAS 信息。

b. 正常工作时主风挡外表面加热防护区不结冰。

c. 侧风挡关闭时,其外表面加热防护区不结冰。

d. 一侧主风挡加热系统关闭时,其外表面结冰后主飞飞行员的驾驶舱视界仍可接受。

3) 自然结冰试飞(操稳)

将迎角、滚转角、滚转角速度、速度等飞行参数作时间历程曲线,判断 $40°$ 滚转时滚转角保持能力、$30°$ 快速滚转机动所用时间、减速板收放状态、失速迎角和失速速度等参数是否正常,结合视频参数和飞行员评述判断飞行和着陆过程中飞机操纵是否安全。判据如下:

(1) 连续最大结冰条件下待机累积等效飞行 45 min,且非防护面最大积冰厚度达到 2 in(50.8 mm)。

（2）待冰型的机动特性试飞,在任一种规定的机动过程中,不应有异常的操纵响应,或者任何非指令性的飞机运动。

（3）在水平转弯和左右滚转时,不应有抖振或失速告警。

4）发动机风扇冰积聚

将采集到的飞行参数（高度、速度、大气温度等）、发动机参数（N1、N2、EGT、N1转子振动值、N2转子振动值等参数）作时间历程曲线,结合发动机风扇视频和飞行员评述判断发动机风扇自然冰脱落循环以及系统工作状态是否安全。

（1）风扇自然脱落循环的判定标准为 N1 振动值异常增大后有明显回落。

（2）试验期间,发动机工作正常,无危及飞机安全的持续推力丧失和不可接受的发动机损伤。

5）APU

将采集到的飞行参数（高度、速度、大气温度等）、APU 工作参数（APU 转速、EGT 等参数）作时间历程曲线,结合 APU 进气口视频和飞行员评述判断自然结冰试飞过程中 APU 工作是否正常。判据如下：APU 工作正常,没有喘振、熄火或自动停车情况出现,转速、排气温度、滑油压力在限制范围之内。

6）大气数据系统

将大气数据系统提供的参数作时间历程曲线,结合主飞行显示器（PFD）视频、告警信息及飞行员评述判断最大连续结冰条件下大气数据系统工作是否正常。判据如下：由飞行员给出定性的结论,大气数据系统指示合理,大气数据系统探头加温功能正常。

7）应急供电

计算 RAT 放下后各相的稳态交流电压及各相电压每一半波的方均根值、极大值和极小值、两相电压基波之间的电角度之差、供电不平衡等供电特性。另外,还需通过应急交流汇流条上的电压曲线分析电负载及供电转换情况。判据如下：

（1）关断 APU 发电机和发动机发电机后 RAT 自动释放。

（2）RAT 释放后,RAT 发电可接入飞机电网工作。

8）失速保护和失速警告

失速警告和失速推杆保护分析以飞行员评述为准。判据如下：

（1）按下"STALL ADVANCE"按钮后,EICAS 出现"SPS ADVANCE ON MODE"青色咨询级告警信息。

（2）飞机探测到结冰,防冰系统未打开时,EICAS 出现"SPS ICE CONDITION MODE 1"青色咨询级告警信息。

（3）防冰系统打开时,EICAS 出现"SPS ICE CONDITION MODE 2"青色咨询级告警信息。

在结冰气象条件下飞机飞行过程中,迎角信号随飞机飞行俯仰角状态变化,信号输出连续、无跳变。

11.2.1.8　自然结冰试飞经验

1）从地面指挥到机组决策的转变

由于自然结冰气象条件极其难得，因此往往需要在很大的空域范围内开展追云试飞；而地面遥测系统的作用距离是有限的，国外自然结冰试飞普遍不设置地面监控，以提高追云试飞的空域范围；所有技术问题和风险处置均采用机上决策，同时机上成员增加了机务保障和放行相关人员，可以保障在外场的落地加油，使得大范围的追云试飞成为可能。

2）飞机平台及系统成熟度

乌鲁木齐自然结冰试飞暴露了 ARJ21‑700 飞机迎角风标加热能力不足的问题，该问题在北美自然结冰试飞之前得到解决；ARJ21‑700 飞机模拟冰型试飞全部完成，失速保护系统（SPC）工作逻辑最终确定，使得自然结冰操稳试飞最终完成成为可能；ARJ21‑700 飞机防冰系统、动力装置、RAT 等关键系统在自然结冰试飞期间工作稳定、功能正常，这些都是本次北美自然结冰试飞顺利完成的先决条件。

3）本场起飞—异地加油—返回本场的试飞组织模式

北美自然结冰试飞 ARJ21‑700 飞机首次本场起飞—异地加油—返回本场的试飞组织模式开展。对于 ARJ21‑700 飞机和 C919 飞机等航程相对有限的飞机，采用这种模式可以进一步增加追云试飞的空域范围，提高试飞执行的效率。

该模式除了用于自然结冰试飞以外，同样适用于需要在更大的空域内捕捉特殊气象要求的试飞科目；同时，该模式不需要飞机转场至目标机场，可以有效降低此类飞行试验的代价。

4）将条款要求转换为易于实施的判据

CCAR 25 部附录 C 对自然结冰试飞气象条件虽然有了明确的规定，但这种规定更偏向于理想情况和理论层面，与实际操作存在一定的差距。实际试飞实施阶段，申请人需要协调局方对这些规定进行细化和明确，将理论性的要求转化为易于操作的具体要求。例如，经过与局方协调，防冰系统试验点对气象条件的具体要求确定为：液态水含量大于 0.7 倍的最大连续自然结冰气象条件标准值，并且持续时间超过 5 min；如果结冰气象出现间断（液态水含量小于 0.7 倍的标准值）的时间超过 30 s，则计时清零后重新计时。

11.2.2　高温试飞

11.2.2.1　高温试飞概述

飞机飞行具有温度限制，即应在验证的温度包线范围内运行。高温试飞是对温度包线的上限进行验证，属于特殊气象条件试飞。由于高温总是经常伴有高湿，因此高温和高湿试飞通常可以结合进行。高温试飞每年的窗口时间有限，并需研究候选试验地的历年气象规律，属于典型的特殊气象条件试飞。

ARJ21‑700 飞机 103 架机分别于 2010 年 7 月、2012 年 7 月及 2013 年 7 月在

三亚、上海及长沙进行了 3 次高温高湿试验。前两次的试验温度湿度均与试飞大纲(场温≥40℃,绝对湿度≥19 g/kg)有一定偏离,虽然执行了部分试验,但仍需补充试飞;第 3 次长沙试飞,最低温度 37.7℃,最高温度 40.3℃,全面验证了空调、气源、液压系统在高温高湿条件下的功能特性。

　11.2.2.2　高温试飞目的和内容

　　温度对空调、气源和液压这三大系统的工作具有显著的影响,上述 3 个系统是高温试飞验证的重点的内容。ARJ21 - 700 飞机高温高湿试飞验证的适航条款如表 11 - 4 所示。

表 11 - 4　高温高湿试飞验证条款

序号	验证条款	内　容　描　述
1	CCAR25.831(a)	在正常操作情况和任何系统发生可能的失效而对通风产生有害影响条件下,通风系统都必须要能提供足够量的未被污染的空气,使得机组成员能够完成其职责而不致过度不适或疲劳,并且向旅客提供合理的舒适性。通常情况下通风系统至少应能向每一乘员提供每分钟 250 克(0.55 磅)的新鲜空气
2	CCAR25.831(e)	除了本条(f)规定的以外,必须有措施使下列隔舱和区域内的乘员能独立控制所供通风空气的温度和流量,而与供给其它隔舱和区域的空气温度和流量无关:① 驾驶舱;② 驾驶舱以外的机组成员舱和区域。除非在所有运行条件下,该舱或区域都是靠同其它隔舱或区域互换空气来通风的
3	CCAR25.1301(a)(1)(4)	所安装的每项设备必须符合下列要求:① 其种类和设计与预定功能相适应;② 在安装后功能正常
4	CCAR25.1309(a)	凡航空器适航标准对其功能有要求的设备、系统及安装,其设计必须保证在各种可预期的运行条件下能完成预定功能
5	CCAR25.1309(d)	必须通过分析,必要时通过适当的地面、飞行或模拟器试验,来表明符合本条(b)的规定。这种分析必须考虑下列情况:① 可能的失效模式,包括外界原因造成的故障和损坏;② 多重失效和失效未被检测出的概率;③ 在各个飞行阶段和各种运行条件下,对飞机和乘员造成的后果;④ 对机组的警告信号,所需的纠正动作,以及对故障的检测能力
6	CCAR25.1435(c)(1)(2)	必须进行液压系统和(或)子系统及元件的试验,除非进行可靠和适当的分析能够替代或完善试验。所有内部和外部因素都应被考虑并评估其影响,确保可靠的系统和元件的功能和完整性。元件或系统的失效或不可接受的缺陷都必须纠正,必要时要进行充分的重新试验。① 系统、子系统或元件必须满足代表地面和飞行使用中的性能、疲劳和耐久性的试验;② 完整系统必须进行包括在相关疲劳条件下模拟在内的试验以确定其合适的性能和与其他系统的关系,并证明或验证元件的设计

空调的地面快速冷却和地面稳态冷却地面试验,气源系统的气源与空调、座舱压调系统联合工作正常模式演示地面试验不包含在 TIA 验证的内容中,仅进行申请人表明符合性试飞;空调、气源和液压系统所涉及的其他高温高湿试验,因气象条件的可重复性差,确定为并行试飞科目。

2013 年长沙高温高湿试验包含:空调和气源两大系统的地面试验,空调、气源和液压三大系统飞行试验,具体的试验内容如表 11-5 所示。

表 11-5 ARJ21-700 飞机 2013 年长沙高温高湿试飞内容

	地 面 试 验		
序号	科 目	性 质	试验科目/内容
1	空调系统	申请人	地面快速冷却
			地面稳态冷却
		并行	空调系统的功能和性能地面试验(热天/高湿热天)
			电子设备舱和驾驶舱显示器通风地面试验(热天和高湿热天)
			货舱通风和加温地面试验(热天和高湿热天)
2	气源系统	申请人	气源与空调、座舱压调系统联合工作正常模式演示

	飞 行 试 验		
序号	系 统	性 质	试验科目/内容
1	空调系统	并行	常温天、热天和冷天飞行时空调系统的功能和性能(热天/高湿热天)
			电子设备舱和驾驶舱显示器通风飞行试验(热天和高湿热天)
			货舱通风和加温飞行试验(热天和高湿热天)
2	气源系统	申请人/局方	气源系统的功能和性能试飞(高温部分)
3	液压	并行	液压系统高温试验

11.2.2.3 高温试飞气象要求

(1) 空调系统:等待热透后受太阳辐射外蒙皮温度不低于 51.5℃,或座舱内部设备(座椅)和空气温度不低于 46℃。

(2) 气源系统:高湿热天:$d \geq 19 \, g/kg$,t(场温)$\geq 40℃$;

(3) 液压系统:目标试验温度为 40℃,以实际试验的高温条件为准。

11.2.2.4 高温试飞方法

1) 地面试验

空调系统快速冷却地面试验。要求在高湿热天,停机在阳光直接照射和无风环境下(风速低于 2.6 m/s),关闭所有外部门窗,拉下所有窗帘,无乘客,最小内部热载荷,等待热透后受太阳辐射外蒙皮温度不低于51.5℃,或座舱内部设备(座椅)和空气温度不低于46℃,打开空调系统,使空调系统按所需系统构型工作,试验过程中观察和记录控制面板、WAI简图页、EICAS变化过程和信息显示,完成试验后恢复系统正常工作模式。

空调系统稳态冷却地面试验。要求在高湿热天,关闭所有外部门窗,飞机上乘客不少于50人,打开空调系统,使空调系统按所需系统构型工作,试验过程中观察和记录控制面板、WAI简图页、EICAS变化过程和信息显示,完成试验后恢复系统正常工作模式。

2) 飞行试验

空调和气源系统试飞。试飞机组按照任务单要求,在起飞前逐条确认构型设置到位,升空后在指定高度平飞,采集空调系统的功能和性能数据,并无特殊的驾驶技术。

液压系统试飞。分为地面与空中两阶段,其中地面阶段模拟航路紧张时候的等待操作(5 min慢速滑行后停止并保持5 min);空中阶段收放起落架1次,循环操作主飞控舵面3次,没有特殊的驾驶技术要求。

11.2.2.5　高温试飞有效性确认

液压系统试飞时,地面阶段,飞行员操纵飞机慢速滑行5 min后停止并保持5 min。试飞工程师每隔5 min记录一次油箱温度,并在执行3次滑行停止的动作后,确认3套系统的油箱温度变化是否在5 min内保持2℃以内。空中阶段机组确认飞行高度,收放起落架1次,循环操作主飞控舵面3次,并每隔5 min记录一次油箱温度。着陆后,重复执行"慢速滑行、刹停"的操作,每隔5 min记录一次油箱温度,并确认地面操作总时间满足任务单要求。试验结束后,继续记录邮箱温度30 min。

11.2.2.6　高温试飞数据分析及判据

1) 数据分析方法

空调、气源与液压系统的定量计算不多,大多为飞行过程中系统功能正常与否的判断,涉及计算的内容如下:

(1) 人均新鲜空气量计算方法。

在左/右制冷组件进口安装有流量传感器,通过这个传感器可以得到舱内的新鲜空气总量。得到总流量后,就能得到人均新鲜空气量。计算时间段一般是取从数据稳定后至下一状态开始前作为计算间隔。

(2) 电子设备周围环境温度计算。

在电子设备舱的各个位置布置有21个温度传感器,主要关注这21个温度传感器的平均温度、最高温度以及最低温度,以表明符合性。

(3) 货舱通风加温时平均温度计算。

后货舱中布置有4个温度传感器,关注平均温度、最高温度以及最低温度;平均温度的时间一般根据试验状态点的时间来确定(一般取30 min,这个时间完全能够使货仓温度稳定下来）。

2）可接受判据

（1）空调系统——地面稳态冷却。

a. 在系统构型稳态以及变化过程中，引气和空调系统控制功能均应正常，空调系统各附件功能均应正常。

b. 空调系统运行稳定后，EICAS 简图页显示驾驶舱和客舱温度值达到 27℃。

c. 驾驶舱、客舱人均新鲜空气量不小于 0.25 kg/min，满足 CCAR25.831a 要求。

d. 驾驶舱、客舱温度调节可独立设置，满足 CCAR25.831e 温度独立控制要求。

（2）空调系统——地面快速冷却。

a. 在系统构型稳态以及变化过程中，引气和空调系统控制功能均应正常，空调系统各附件功能均应正常。

b. 空调系统运行 30 min 后，EICAS 简图页显示驾驶舱和客舱温度不高于 27℃。

c. 驾驶舱、客舱人均新鲜空气量不小于 0.25 kg/min，满足 CCAR25.831a 要求。

d. 驾驶舱、客舱温度调节可独立设置，满足 CCAR25.831e 温度独立控制要求。

（3）空调系统——热天飞行时空调系统的功能和性能。

a. 试飞员给出空调系统控制功能评述，包括控制面板的操作与信号灯指示、ECS 简图页显示、EICAS 信息显示、告警、控制逻辑等。

b. 给出制冷系统性能，流量和温度控制性能。

c. 给出驾驶舱、客舱温度的调节能力。

d. 给出供给驾驶舱、客舱新鲜空气量。

（4）空调系统——电子设备舱和驾驶舱显示器通风地面和飞行试验。

a. 在系统构形变化过程中，空调系统控制功能应正常。

b. 空调系统各附件功能均应正常。

c. ECS 通风时电子设备周围环境温度≤50℃，无 ECS 通风时电子设备周围环境温度≤70℃。

（5）空调系统——货舱通风和加温地面和飞行试验。

a. 在系统构型变化过程中，空调系统控制功能应正常，空调系统各附件功能均应正常。

b. 常温条件下，客舱温度稳定时，在 3 h 的飞行时间内，货舱通风加温时平均温度不小于 0℃。

（6）气源系统——气源系统功能和性能试飞方法。

a. 引气系统控制功能正常。

b. 引气系统各附件功能正常。

（7）气源系统——气源与空调、座舱压调系统联合工作正常模式演示。

a. 在系统构型稳态以及构型变化过程中，引气系统控制功能均应正常，空调系统控制功能应正常，座舱压调系统功能正常。

b. 引气系统各附件功能均应正常，空调系统各附件功能均应正常，座舱压调系统附件功能均应正常。

（8）液压系统高温试验。

液压系统工作正常。

11.2.2.7　高温试飞经验

1）机场的选取

海南地区由于受海洋性气候的影响，虽然湿度能满足试飞要求，但是每年极端最高气温并不高；新疆吐鲁番每年超过 40℃ 的天数较多，气温条件好，但是该区域湿度较低；长江流域每年夏季受到副热带高压控制，气温条件相对其他地区更容易达到试飞要求，同时湿度条件也能接近标准。结合此前两次高温高湿试飞的经验，将本次试飞地点定为沿长江流域城市的军/民机场。通过研究与比较长沙、南昌、重庆三地近 5 年的高温气象资料，并前往三地分别调研机场与空域的可用性，ARJ21‑700 飞机补充高温高湿试验采取一主一备的基地模式，确定长沙大托铺为主基地，南昌青云普机场为备份基地，开展试验。

2）温度的测量

高温高湿审定试飞环境温湿度数据原取于百叶箱观测数据，经过与局方商议，确定将百叶箱观测温湿度数据调整为机场提供数据，可使用试飞机场记录的专用于机场环境温湿度数据或便携式气象站的环境温湿度数据。对于空调系统快速冷却地面试验有蒙皮的温度要求（51.5℃），使用红外线温度测量仪进行测量。

3）气象预报人员提前进驻试验基地

2013 年高温高湿试飞在特殊气象外场试飞灵活性组织方面进行了新的尝试，派出气象预报组提前进驻试验基地，对气象进行监控，预报有满足条件的气象后实施转场。

11.2.3　高寒试飞

11.2.3.1　高寒试飞概述

与高温试飞类似，高寒试飞用于验证飞机的温度包线下限，属于特殊气象条件试飞，每年的窗口时间有限，并需研究候选试验地的历年气象规律。

ARJ21‑700 飞机 103 架机分别于 2010 年 1 月、2011 年 1 月及 2014 年 1 月在海拉尔进行了 3 次高寒试验。2010 年 1 月和 2011 年 1 月的高寒试验均未抓住海拉尔全年气温的最低窗口时间，试验温度与试飞大纲有较大偏离（试飞大纲要求场温≤−40℃），并且部分科目的试飞构型未到位，导致试验结果无效。2014 年 1 月的高寒试验，充分吸取了前两次试验的教训，开展了试验窗口时间的气象研究，分析统计了海拉尔近 5 年的冬季低温时间,预报低温趋势,确定转场日期和试验窗口。2014 年的高寒试验验证了 8 个系统在高寒条件下的功能特性。

11.2.3.2 高寒试飞目的和内容

高寒试验的目的在于验证在预期的低温条件(−40℃或更低)下,飞机的空调系统、气源系统、飞控系统、RAT、APU、发动机、燃油系统和设备的功能特性能够满足适航条款要求,以及全机高寒检查中各系统功能满足设计要求。

高寒试飞验证的适航条款如表 11−6 所示。

表 11−6 高寒试飞验证条款

序号	验证条款	内　容　描　述
1	CCAR25.809b(2)	从开门装置启动到出口完全打开,不超过 10 秒钟
2	CCAR25.831(a)	在正常操作情况和任何系统发生可能的失效而对通风产生有害影响条件下,通风系统都必须要能提供足够量的未被污染的空气,使得机组成员能够完成其职责而不致过度不适或疲劳,并且向旅客提供合理的舒适性。通常情况下通风系统至少应能向每一乘员提供每分钟 250 克(0.55 磅)的新鲜空气
3	CCAR25.831(b)	机组和旅客舱的空气不得含有达到有害或危险浓度的气体或蒸气。为此,采用下列规定:① 一氧化碳在空气中浓度超过 1/20 000 即认为是危险的。可使用任何可接受的检测一氧化碳的方法进行测试;② 必须表明飞行期间通常有旅客或者机组乘坐的舱的二氧化碳浓度不得超过 0.5% 体积含量(海平面当量)
4	CCAR25.831(c)	必须有措施保证,在通风、加温、增压或其它系统和设备出现有合理可能的故障或功能失常后,仍能满足本条(b)的规定
5	CCAR25.831(e)	除了本条(f)规定的以外,必须有措施使下列隔舱和区域内的乘员能独立控制所供通风空气的温度和流量,而与供给其它隔舱和区域的空气温度和流量无关:① 驾驶舱;② 驾驶舱以外的机组成员舱和区域。除非在所有运行条件下,该舱或区域都是靠同其它隔舱或区域互换空气来通风的
6	CCAR25.832	(a) 必须表明飞行时飞机座舱中的臭氧浓度符合下列要求:① 在 320 飞行高度层(高度相当于 9 750 米)以上的任何时刻,不超过 0.25/1 000 000 体积含量(海平面当量);② 在 270 飞行高度层(高度相当于 8 230 米)以上任何 3 小时期间,不超过 0.1/1 000 000 体积含量(海平面当量时间加权平均值) (b) 在本条中"海平面当量"是指 25℃和 760 毫米汞柱压力的状态 (c) 必须根据飞机的使用程序和性能限制进行分析或试验,当证实符合下列情况之一时,则表明满足本条要求:① 飞机不能在座舱臭氧浓度超过本条(a)规定限度的高度上运行;② 含有臭氧控制设备的飞机通风系统,能使座舱臭氧浓度保持在不高于本条(a)规定的限度

（续表）

序号	验证条款	内　容　描　述
7	CCAR25.901(d)	辅助动力装置的安装必须符合本部中适用的规定
8	CCAR25.903(d)(2)	与发动机各控制装置、系统仪表有关的各动力装置系统的设计必须能合理保证,在服役中不会超过对涡轮转子结构完整性有不利影响的发动机使用限制
9	CCAR25.939(a)	必须在飞行中检查涡轮发动机的工作特性,以确认在飞机和发动机使用限制范围内的正常和应急使用期间,不会出现达到危险程度的不利特性(如失速、喘振或熄火)
10	CCAR25.1301(a)(1)(4)	所安装的每项设备必须符合下列要求：① 其种类和设计与预定功能相适应；④ 在安装后功能正常
11	CCAR25.1309(a)	凡航空器适航标准对其功能有要求的设备、系统及安装,其设计必须保证在各种可预期的运行条件下能完成预定功能
12	CCAR25.1309(d)	必须通过分析,必要时通过适当的地面、飞行或模拟器试验,来表明符合本条(b)的规定。这种分析必须考虑下列情况：① 可能的失效模式,包括外界原因造成的故障和损坏；② 多重失效和失效未被检测出的概率；③ 在各个飞行阶段和各种运行条件下,对飞机和乘员造成的后果；④ 对机组的警告信号,所需的纠正动作,以及对故障的检测能力
13	CCAR25.1435(c)(1)(2)	必须进行液压系统和(或)子系统及元件的试验,除非进行可靠和适当的分析能够替代或完善试验。所有内部和外部因素都应被考虑并评估其影响,确保可靠的系统和元件的功能和完整性。元件或系统的失效或不可接受的缺陷都必须纠正,必要时要进行充分的重新试验。① 系统、子系统或元件必须满足代表地面和飞行使用中的性能、疲劳和耐久性的试验；② 完整系统必须进行包括在相关疲劳条件下模拟在内的试验以确定其合适的性能和与其他系统的关系,并证明或验证元件的设计
14	CCAR25.1521(a)	必须制定本条规定的动力装置限制,该限制不得超过发动机或螺旋桨型号合格证中的相应限制,也不得超过作为符合本部任何其它要求依据的限制值
15	CCAR25.1527	必须制定受飞行、结构、动力装置、功能或设备的特性限制所允许运行的最大周围大气温度和最大高度

2014年海拉尔高寒试验,包含12项地面试验(其中全机高寒检查、空调、气源、飞控系统的7项地面试验属于MOC6试飞大纲中的地面试验；RAT、发动机、APU、燃油的5项属于MOC5地面试验)和全机高寒检查、空调、气源系统的6个科目的飞行试验,具体的试验内容如表11-7所示。

表 11-7 ARJ21-700 飞机 2014 年海拉尔高寒试飞内容

地 面 试 验

序号	系统	性质	试验科目/内容
1	全机	并行	高寒全机检查（地面部分）
2		并行	货舱通风和加温地面试验
3	空调系统	申请人	地面快速加温
4		申请人	地面稳态加温
5	气源系统	申请人	气源系统功能和性能地面试验
6		申请人	气源与空调、座舱压调系统联合工作正常模式演示
7	飞控系统	申请人	低温条件下襟/缝翼伸出
8	电源系统	MOC5	RAT 释放地面试验
9	动力装置	MOC5	发动机冷天地面起动试验
10	APU	MOC5	APU 工作特性
11		MOC5	APU 地面再起动
12	燃油系统	MOC5	燃油系统补充地面试验（低温告警）

飞 行 试 验

序号	系统	性质	试验科目/内容
1	全机	并行	高寒全机检查（飞行部分）
2		并行	冷天飞行时空调系统的功能和性能
3	空调系统	并行	电子设备舱和驾驶舱显示器通风飞行试验
4		并行	货舱通风和加温飞行试验
5		并行	驾驶舱、客舱 O_3 浓度的测量（高纬度）
6	气源系统	并行	气源系统的功能和性能试飞

11.2.3.3　高寒试飞方法

1）地面试验——高寒全机检查（地面部分）

高寒全机检查的地面部分分为寒冷浸透前、冷浸透后和飞行后 3 个阶段。要求在至少 10 h 的寒冷浸透期间，通过当地气象部门每隔一个小时记录环境外部大气温度、风速和风向。

冷浸透前对舱门开启力矩及时间进行记录；对应急刹车蓄压器压力、液压油量、轮胎压力、起落架支柱伸展量、燃油牌号和油量、发动机滑油牌号和油量、机组氧气压力、客舱便携式氧气压力、机载蓄电池存储温度、测试蓄电池存储温度和氧气面罩存储温度进行记录。

冷浸透后对舱门开启力矩及时间、显示器暖机时间、目视检查情况、应急刹车蓄压器压力、液压油量、轮胎压力、起落架支柱伸展量、燃油牌号和油量、发动机滑油牌号和油量、机组氧气压力、客舱便携式氧气压力、液压系统温度、APU 起动记录、发动机起动、EICAS 和 EFIS 显示控制、操纵检查、液压系统温度进行记录。

飞行后对应急刹车蓄压器压力、液压油量、轮胎压力、起落架支柱伸展量、燃油牌号和油量、发动机滑油牌号和油量、机组氧气压力、客舱便携式氧气压力进行记录。

2) 地面试验——货舱通风和加温地面试验

设定驾驶舱/客舱温度分别为 21℃/24℃，观察控制面板的操作与信号灯指示、ECS 简图页显示、EICAS 信息显示、告警等。

3) 地面试验——快速加温

停机在阴天(无阳光照射)环境下，关闭所有外部门窗，拉下所有窗帘，无乘客，最小内部热载荷，等待冷透后，打开空调系统，使空调系统按所需的系统构型工作，试验过程中观察和记录控制面板、WAI 简图页、EICAS 变化过程和信息显示，完成试验后恢复系统正常工作模式。

4) 地面试验——稳态加温

关闭所有外部门窗，飞机乘客数量小于 20% 满员乘客，打开空调系统，使空调系统按所需的系统构型工作，试验过程中观察和记录控制面板、WAI 简图页、EICAS 变化过程和信息显示，完成试验后恢复系统正常工作模式(没有冷浸透要求)。

5) 地面试验——气源系统功能和性能地面试验

按所需组件状态组合切换，每种系统状态组合至少稳定供气 2~5 min，同时观察和记录控制面板、ECS、WAI 简图页、EICAS 变化过程和信息显示，完成试验后，恢复系统至正常工作状态。

6) 地面试验——气源与空调、座舱压调系统联合工作正常模式演示

按两种工作模式在地面上演示空气管理系统正常操作程序，试验完成后，恢复系统正常工作状态。

7) 地面试验——低温条件下襟/缝翼伸出

飞机在试验要求的低温环境中停放时间在 12 h 以上；起动 APU，电源系统正常工作；操纵襟/缝翼手柄从巡航"0"卡位到着陆"4"卡位。

8) 地面试验——RAT 释放地面试验

测试 RAT 系统装机后在预期的最低温度条件下(—40℃)地面释放时作动器的展开时间(指从上位锁打开到 RAT 释放到位的时间)。

9) 地面试验——发动机冷天地面起动试验

(1) APU 引气起动主发。

APU 正常工作，将其引气打开；发动机交叉引气开关置于"AUTO"位，将试验

发动机油门置于"IDLE"位、燃油切断开关置于"RUN"位、按压"START"按钮,进行起动,起动成功后发动机在慢车状态运转 2 min。

(2) 交叉引气起动主发。

一发正常工作,打开其引气;交叉引气开关置于"OPEN"或"AUTO"位,试验发动机油门置于"IDLE"位,将燃油切断开关置于"RUN"位,按压"START"按钮,进行起动,起动成功后发动机在慢车运转 2 min。

10) 地面试验——APU 工作特性

(1) APU 空载条件下试验程序如下。

a. 按正常程序起动 APU。

b. 当 APU 转速达到稳定后,保持 APU 稳定工作至少 2 min。

(2) APU 负载条件下试验程序如下。

a. 电负载:确认 APU 引气开关关闭,打开 APU 发电机开关,在最大使用电负载条件下(引气+发电状态下),保持 APU 稳定工作至少 2 min。

b. 起动主发:按飞行手册规定程序,利用 APU 引气起动右发;按飞行手册规定程序,利用 APU 引气起动左发。

c. 环控引气:关闭 APU 发电机开关,打开 APU 引气开关给环控系统提供引气,保持 APU 稳定工作至少 2 min。

d. 环控引气+电负载:打开 APU 引气开关和 APU 发电机开关,APU 在环控引气和最大使用供电模式下,保持 APU 稳定工作至少 2 min。

11) APU 地面再启动

(1) 正常起动 APU,APU 转速达到稳定后,保持 APU 稳定工作至少 2 min。

(2) 按正常程序关闭 APU,间隔 5 min,按规定程序重新起动 APU,当 APU 转速达到稳定后,保持 APU 稳定工作至少 2 min。

(3) 按应急停车关闭 APU,间隔 5 min,按规定程序重新启动 APU,保持 APU 稳定工作至少 2 min。

(4) 共进行 APU 连续三次起动试验。

12) 燃油系统补充地面试验(低温告警)

当燃油箱温度低于 -37℃时,记录触发的低温告警。

13) 飞行试验——全机高寒检查

(1) 正常滑行过程中检查前轮转弯和刹车工作情况。

(2) 正常爬升至高度 $H_p = 3\,000 \sim 5\,000$ m (9 800 ~ 16 000 ft),$V_i = 230 \sim 300$ kn。

(3) 进行爬升、下降、左右盘旋等机动动作,检查方向舵、升降舵、副翼、扰流板和各配平工作情况。

(4) 在允许空域内设计一闭合航线,采用自动驾驶仪进行飞行,检查自动驾驶仪工作情况。

（5）检查并评估导航系统工作情况，包括飞行管理系统、大气数据系统、航姿系统、自动定向仪、空管应答机、甚高频全向定位仪（VOR）、测距仪（DME）、全球定位系统（GPS）、气象雷达等工作情况。

（6）$V_i = 250$ kn，进行起落架应急放，检查正常后收起起落架。

（7）稳定平飞，机组成员单手戴上氧气面罩并进行正常供氧，并进行通话。

（8）飞行员通过驾驶舱操纵面板上的旅客氧气面罩抛放灯开关的"ON"按钮，手动抛放氧气面罩。

（9）按正常程序下降，检查襟/缝翼工作情况，检查起落架放下状态。

（10）进近过程中检查仪表着陆和指点信标工作情况。

（11）着陆后检查刹车和减速板工作情况。

14）飞行试验——冷天飞行时空调系统的功能和性能

在冷天环境条件下分别按要求的飞行剖面飞行，设定驾驶舱/客舱温度分别为21℃/24℃，在构型变化和稳定过程中，飞行员观察控制面板的操作与信号灯指示、ECS简图页显示、EICAS信息显示、告警等。

15）飞行试验——电子设备舱和驾驶舱显示器通风飞行试验

在冷天环境条件下分别按要求的飞行剖面飞行，设定驾驶舱/客舱温度分别为21℃/24℃，经断路器关断电子设备风扇，演示电子设备风扇冷却系统在最大发热量状态工作时的功能和性能。在构型变化和稳定过程中，飞行员观察控制面板的操作与信号灯指示、ECS简图页显示、EICAS信息显示、告警等。

16）飞行试验——货舱通风和加温飞行试验

在冷天环境条件下分别按要求的飞行剖面飞行，设定驾驶舱/客舱温度分别为21℃/24℃，在构型变化和稳定过程中，飞行员观察控制面板的操作与信号灯指示、ECS简图页显示、EICAS信息显示、告警等（见表11-8）。

表11-8　货舱通风和加温飞行试验试验点

高度/km	气源	组件	货舱通风与加温	工作时间/min
0～11.5	ENG1+2	左+右	加温	≥30

17）飞行试验——驾驶舱、客舱 O_3 浓度的测量（高纬度）

选择隆冬或早春的季节，加装臭氧转换器和不加装转换器分别测量：

（1）飞行高度在8 230～9 750 m范围内，平飞3小时，对驾驶舱和客舱 O_3 浓度进行测量。

（2）飞行高度在9 750～11 800 m范围内，平飞1.5小时，对驾驶舱和客舱 O_3 浓度进行测量。

18）飞行试验——气源系统的功能和性能

结合空调系统试飞，飞行过程中切换APU和发动机引气，检查气源系统稳态以及构型变化过程中的供气管理情况。

11.2.3.4 高寒试飞有效性确认

ARJ21-700 飞机高寒试飞数据主要通过以下两点对架次有效性进行快速确认：① 试飞任务单对各系统构型的设置要求；② 便携式 O_3 气体分析仪所输出的 O_3 浓度参数，在低高度时，O_3 浓度不超过 0.1/1 000 000 体积含量；在高高度时，O_3 浓度不超过 0.25/1 000 000 体积含量。

11.2.3.5 高寒试飞数据分析及判据

空调、气源与液压系统的定量计算不多，大多为飞行过程中系统功能正常与否的判断，人均新鲜空气量计算方法、电子设备周围环境温度和货舱通风加温时平均温度计算方法同高温试飞数据计算方法。

驾驶舱、客舱 O_3 浓度计算方法如下所示。便携式 O_3 气体分析仪输出的数据为每分钟的浓度数据，根据 CCAR25 的要求，O_3 气体浓度需转化为海平面当量下的浓度，再对 1.5 小时或 3 小时的浓度数据进行平均，则得到平均 O_3 气体浓度。

11.2.3.6 高寒试飞经验

2010 年和 2011 年的高寒试验因温度、构型和试验结果各种原因没有实现审定试飞目的，但实现了一定的研发目的，一定程度上让申请人在系统功能的把握与验证上积累了经验，也为在高寒气象保障和飞机保障方面积累了经验。

因此，后续型号的高寒试验，在时间窗口和构型到位等因素的平衡下，建议在正式的高寒试验前进行一次"摸底"的高寒试验，及早在低温条件下发现问题，为正式试验顺利进行奠定良好的基础。

高寒试验与高温和结冰试飞的关键点是一样的，符合试验要求的气象条件是试验的先决条件。把气象预报和研究纳入型号研制体系是十分必要的，借助外力也是可行的解决方案。调研和气象数据统计工作应提前开展，采取气象工作组提前进驻试验场地也是一种行之有效的办法。

11.2.4 大侧风试飞

11.2.4.1 大侧风试飞概述

运输类飞机需要根据 CCAR25 要求在侧风条件下地面和起降过程中对性能特性进行验证。进行大侧风试飞时，需要极端的侧风环境。但是，由于一般机场建设时都会重点考虑机场的气象环境，在确定跑道方向时会研究历史气象资料以最大限度降低跑道的侧风速度，因此，大侧风试飞在实施方面存在试验跑道少、时间窗口小的特点。

经统计，多种型号的飞机已演示的最大侧风如图 11-1 所示，从图中可以清晰地看到，经演示的侧风能力在过去的 40 年里没有明显变化的趋势，平均值是 30 kn 左右。对比不同型号的飞机，经演示的侧风存在巨大的差距。造成这个差别的一

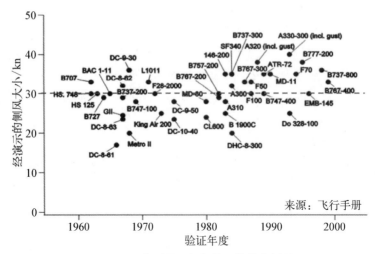

图 11-1 多型号飞机经演示的最大侧风

个重要原因是自然因素。

截至 2013 年 4 月 28 日，ARJ21-700 飞机先后进行了 4 次大侧风试飞，试飞机场都是鼎新机场，基本情况如下。

ARJ21-700 飞机 102 架机于 2010 年 5 月 13 日—6 月 1 日进行第一次侧风试验、试飞任务，历时 18 天。进行了进气畸变、操稳科目研发试飞与发动机地面试验。试验过程中风速条件未满足试验要求，地面试验数据未完整采集。

2011 年 3 月 15 日—5 月 19 日再次开展了大侧风条件下的试验、试飞。历时 65 天，完成了 TIA 前预定的地面试验和飞行试验任务，为 ARJ21-700 飞机进入 TIA 奠定了基础。

2012 年 4 月 22 日—2012 年 5 月 14 日，开展了第 3 次大侧风试飞，此次试飞也是 ARJ21-700 飞机进入 TIA 后进行的型号合格审定试飞。

2013 年 3 月 28 日—4 月 28 日，历经整整一个月时间。结合前 3 次大侧风试验结果，最终获得了一整套风速大于 20 kn 的试验数据。

11.2.4.2 大侧风试飞目的和内容

根据 CCAR25 部，大侧风试飞主要涉及操稳、发动机、辅助动力装置等。ARJ21-700 飞机大侧风试飞包括"地面航向稳定性和操纵性""进气畸变""发动机排气"和"辅助动力装置排气与引气污染"4 个科目。其主要目的是验证飞机系统设计是否满足在大侧风条件下运行的要求，同时获取飞机在大侧风运行时的相关数据（见表 11-9）。

通过对国外大侧风试飞的研究，进行大侧风试飞应该注意以下 3 点：

（1）只考虑干燥的跑道用于试验。

（2）是否包括阵风风速。

（3）只有经演示过的风速数值才可以用于确定该机型侧风限制。

表 11 - 9 大侧风试飞目的和条款要求统计表

科　目	试飞目的	条　款　要　求
地面航向稳定性和操纵性	检查飞机侧风起飞着陆特性	CCAR25.233(a)　飞机在地面运行可预期的任何速度,在风速直到 20 节或 $0.2V_{SR0}$(取大者,但不必高于 25 节)的 90°侧风中,不得有不可控制的地面打转倾向。这可在制定 CCAR25.237 要求的 90°侧风分量时予以表明 CCAR25.237(a)(1)　对于陆上飞机和水陆两用飞机,应制定在干跑道上对起飞和着陆经演示是安全的 90°侧风分量,该分量必须至少为 20 或 $0.2V_{SR0}$(取大者,但不必超过 25 节) CCAR25.143(a)　在下述过程中,飞机必须可以安全地操纵并可以安全地进行机动:(1)起飞;(2)爬升;(3)平飞;(4)下降;(5)着陆
进气畸变	验证飞机在不同飞行状态下进气道与发动机的相容性;验证飞机在进行进气畸变试验时发动机是否存在有害振动	CCAR - 25.939(a)　必须在飞行中检查涡轮发动机的工作特性,以确认在飞机和发动机使用限制范围内的正常和应急使用期间,不会出现达到危险程度的不利特性(如失速、喘振或熄火) CCAR - 25.939(c)　在正常运行期间,涡轮发动机进气系统不得由于气流畸变的影响而引起有害于发动机的振动 CCAR - 25.1091(a)(1)　发动机和辅助动力装置的进气系统,应满足下列要求:在申请合格审定的每种运行条件下,必须能够供给该发动机和辅助动力装置所需的空气量
发动机排气	验证排气系统能准确安全的排出废气,在任何载人舱内没有一氧化碳污染	CCAR - 25.1121(a)　排气系统必须确保安全地排出废气,没有着火危险,在任何载人舱内也没有一氧化碳污染。为了进行测试,可使用任何可接受的一氧化碳检测方法,来表明不存在一氧化碳
辅助动力装置排气与引气污染	验证在 APU 正常工作条件下,APU 排气系统能否安全地排出废气,飞机驾驶舱和客舱内一氧化碳浓度是否超标	APU25.901(d)　APU 的安装必须符合 CCAR25.1309 的要求,除过以下的影响不需要符合 CCAR25.1309(b): (1) APU 机匣烧穿或破裂 (2) 非包容的 APU 转子失效 APU25.1121(a)　排气系统必须确保安全地排出废气,没有着火危险,在任何载人舱内也没有一氧化碳污染。为了进行测试,可使用任何可接受的一氧化碳检测方法,来表明不存在一氧化碳 CCAR - 25.1309(a)　凡航空器适航标准对其功能有要求的设备、系统及安装,其设计必须保证在各种可预期的运行条件下能完成预定功能

注:根据 AC - 25 - 7A 的要求,V_{SR0} 为最大着陆重量下的着陆构型的失速速度。ARJ21 - 700 飞机按理论值计算得到 $0.2V_{SR0}$ 为 23.5 kn;风速必须在离地 10 m 高处测量,或者从其他高度修正到离地 10 m 高处。

11.2.4.3　大侧风试飞气象要求

根据 CCAR - 25.237(a)(1)必须制订在干跑道上对起飞和着陆经演示是安全的 90°侧风分量,该分量必须至少是 20 kn 或 $0.2V_{SR0}$(取大者,但不必超过 25 kn)。

从 4 个科目的适航条款可以看出,只有操稳专业对侧风风速的大小有明确要求,而根据 ARJ21 - 700 飞机失速速度试飞结果来看,ARJ21 - 700 飞机侧风试飞需达到最低要求为正侧风 23.5 kn。

11.2.4.4　大侧风试飞方法

上述科目都需要在起飞或着陆过程中进行试验。在侧风条件下着陆有 3 种方式,即偏流法、侧滑法和混合法,详述如下。

1) 偏流法

使用偏流法进场时,飞机沿着跑道的中心线下降,并且将机首稍为转往向风的方向。飞机在侧风之下与地面相对的飞行方向,与跑道保持平衡。但同时飞机的姿态却会与跑度形成一个夹角,称之为蟹形角度(crab angle)。为了确保方向的控制,必须保持正确的方向舵和上风边副翼的使用,如图 11 - 2 所示。

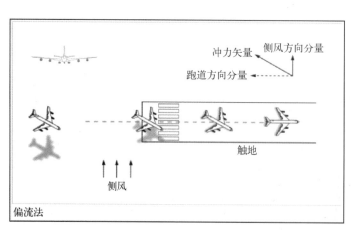

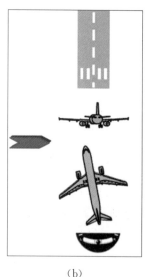

(a)　　　　　　　　　　　　　　　　　　　　(b)

图 11 - 2　偏流法着陆示意图

部分大型飞机机翼下挂的引擎和地面十分接近。使用偏流进场时,向下的机翼尖及引擎可能会碰到地面,因而限制了侧滑的角度。B747 即是一例,由于发动机布局的原因,其接地坡度不能大于 8°角,所以波音公司不建议飞行员在最大侧风超过 20 kn 的情况下以侧滑进场,但 B747 起落架的设计可以容许着陆时的蟹形角度达到 45°角。美国的 B - 52 同温层堡垒轰炸机由于机翼很长,更需要在整个降落过程中使用蟹形进场。它的起落架特别设计成可以转向,飞机师在接触到地面前可以先将它转到与跑道方向对齐。图 11 - 3 为 B - 52 偏流着陆图片,可以看出机头朝向侧风的方向,而机轮是与跑道中心线平行的。

图 11 - 3 B - 52 偏流法着陆接地

2）侧滑法

侧滑侧风修正技术是将飞机对准跑道延长线,以使主轮接地时在跑道中心线上。从进近的起始阶段到着陆时使用偏流法修正偏移。

拉平前,飞机中心线对准或平行于跑道中心线,向下风方向抵方向舵对准所需航迹的纵轴,用副翼防止偏转。使用下风边方向舵并向上风带边带坡度,建立稳定的侧滑,以保持所需的航道。使用上风边的轮子稍先于下风边的轮子接地的方法完成接地。应避免过大的横滚操纵,以防止坡度过大而造成发动机吊舱或者外侧襟翼触跑道。

正确的协调动作可以使方向舵和副翼操纵位置在进近的最后阶段、接地和着陆滑跑中几乎处于固定不变的状态。当侧风太大或飞机的接地坡度受限制较大(例如机翼较长或外挂发动机离地太近)时,不能完全采用侧滑法着陆。侧滑法着陆如图 11 - 4 所示。

3）混合法

在大侧风的情况下,使用偏流法进场存在着一定的风险,很多飞行员只会在降落的初段使用偏流法进场。当飞机下降至较低高度后,则改用侧滑进场的方法,直至完成着陆。这种结合的进场方法称为"混合法进场"。混合法如图 11 - 5 所示。

ARJ21 - 700 飞机大侧风试飞驾驶技术采用的试飞方法如下。

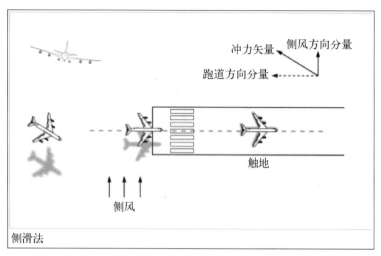

图 11 - 4　侧滑法着陆

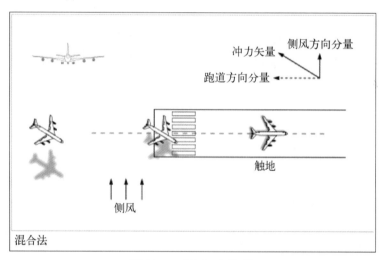

图 11 - 5　混合法进近

1) 侧风起飞

通过地面试验(飞机静止)发现,在 135°,27 kn 侧风条件下,当发动机推力设置为 TO/GA 时,会因为进气畸变导致熄火。根据地面试验得出的 ARJ21 - 700 飞机动力装置地面风向风速运行包线,要求侧风起飞程序采用滑跑起飞程序:

(1) 飞机在跑道头停稳并踩住刹车,前推油门杆,使双发 N1 转速提高至 60% 稳定。

(2) 松开刹车,确认飞机开始加速滑跑后,按压"TOGA"按钮,检查推力手柄到达 TO/GA 位置。

(3) 在飞机达到 60 kn 时检查发动机的 N1 值已达到起飞推力设定,加速滑跑完成起飞。

2) 侧风着陆

侧风条件下着陆,采用偏流法。在进近阶段保持航向与跑道平行(此时机头方向与跑道有一定夹角),在接地前飞行员蹬舵调整机头方向与跑道平行,同时保持航向不变(侧滑)。如果侧风较大,则可在进近阶段先进行一段时间小角度侧滑作为过渡,在接地前再增大蹬舵量(增大侧滑角)完成侧滑。

试验时结合 CO 浓度测试,在起飞和着陆过程中,按需测量客舱的 CO 浓度。图 11 - 6 为 ARJ21 - 700 飞机客舱气体浓度测量点布置示意图(图中 1、2 为测量点位置)。

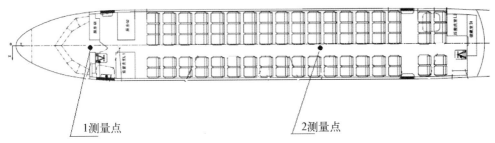

图 11 - 6　ARJ21 - 700 飞机客舱气体浓度测量点布置

11.2.4.5　大侧风试飞有效性确认

大侧风试飞数据有效性确认主要依据有两方面:一方面是各个科目在试飞实施过程中的飞行参数是否满足试飞要求;另一方面是各个科目所需要的风速条件是否满足适航要求。

1) 地面航向稳定性和操纵性的确认

地面航向稳定性和操纵性试飞过程中,试飞工程师主要通过观察以下内容来进行有效性快速确认:

(1) 试验过程中,风速条件是否满足要求。

(2) 各个舵面的操纵裕度是否足够。

(3) 同时感受飞机在侧风起飞着陆过程中是否具有满意的航向稳定性和操纵性。

(4) 观察飞行员是否需要特殊的驾驶技巧或者机敏来控制飞机航向。

2) 进气畸变的确认

进气畸变试飞过程中,试飞工程师主要通过观察以下内容来进行有效性快速确认:

(1) 试验过程中,风速条件是否满足要求。

(2) 监控飞机起飞着陆时动力装置的参数,观察试飞过程中发动机是否出现超温、熄火、失速、掉转数、喘振等异常情况。

3) 发动机、辅助动力装置排气与引气污染在试飞过程中的确认

发动机排气与辅助动力装置排气与引气污染试飞过程中,试飞工程师主要通

过观察以下内容来进行有效性快速确认：

(1) 试验过程中，风速条件是否满足要求。

(2) CO 浓度测量设备在试验过程中测得的舱内 CO 的浓度是否满足条款要求。

11.2.4.6　大侧风试飞数据分析及判据

侧风试飞中，用气象车测量场高 10 m 处风速和风向，采样率为 1 s 一个采样点，并实时记录为电子文档。对各个阶段的风速风向，取风速平均值，计算方法见式(11-2)。

$$V_{cw} = abs\left(\frac{\sum_{t=t_2}^{t=t_1} V_{wind} \cdot \sin(\alpha - D_{wind})}{t}\right) \tag{11-2}$$

式中：V_{cw} 为平均风速；V_{wind} 为风速；D_{wind} 为风向；t 为时间；α 为与机场跑道垂直方向。

侧风试验 4 个科目需要的风速时间段有区别，表 11-10 列出了各个科目对应的 t_1、t_2 要求。

表 11-10　大侧风试飞各科目对应的 t_1、t_2

科　目	试飞段	t_1	t_2
地面航向稳定性和操纵性	起飞	空速达到 60 kn 的时间点	飞机上升到离地 35 ft 的时间点
	着陆	飞机离地 50 ft 的时间点	空速降低到 60 kn 的时间点
	连续起落	飞机离地 50 ft 的时间点	空速降低到最小速度的时间点
发动机进气畸变及发动机排气试飞	起飞	松刹车开始滑跑前 15 s 的时间点	空速达到 60 kn 后 15 s 的时间点
	着陆	飞机离地 50 ft 前 15 s 的时间点	空速降低到 60 kn 后 15 s 的时间点
辅助动力装置系统排气与引起污染	起飞	松刹车开始滑跑的时间点	空速达到 60 kn 的时间点
	着陆	飞机离地 50 ft 的时间点	空速降低到 60 kn 时间点

11.2.4.7　大侧风试飞经验

1) 试飞任务的结合与分离

优化组合试验任务一直是提高试飞效率、加快型号试飞进展有效的方法之一。

但是,组合后任务执行的灵活度就会降低。因此,在制订试飞任务计划时,需更多地考虑在遇到特殊情况而无法结合时有没有灵活应变的预案。在飞行条件转瞬即逝的科目中,如何根据飞机和环境状态,适当调整科目顺序、灵活把握有效试验条件,并在飞行前的任务交底环节,对任务进行深入的协同,机组需对所进行任务有全面了解,特别是单个试验点所需的飞行条件限制,并制订备份方案,以应对大侧风试飞的不确定性。应能让机组在无法满足组合试验点所需条件时,拆分组合的试飞科目,根据飞行实际的飞行条件,进行单个试验点的试飞。这也从侧面体现出航前任务协同的重要性。

2) 气象环境的前期调研

大侧风试飞有着"不确定性和随机性",针对这个特点,需要提前准备。在关注试验场地历史大侧风规律的同时,也需要针对当年的气候特点,制订适合的试飞计划。如今,全球气候多变,如果仅按照以往的经验安排试飞计划,则有可能错过最佳的试验时机。因此,为了提高试飞的效率,应尽快总结目前能收集到的气象资料,根据当年实时的天气状况,合理地提出大侧风试验的最佳窗口时间,争取建立属于我们自己的大风预报模式,及时掌握大风动向,提高抓风的效率。

3) 优先取得完整数据

在进行特殊气象条件的外场试飞时,即使事先进行了充分的气象准备工作,仍然可能出现实际执行时气象条件无法完全满足试验要求的情况,而在取证试飞阶段,首要目的应该是取得一套完整的有效数据。在型号取证结束以后,飞机制造商仍可以为演示飞机所能够承受更严苛的能力而继续进行后续试飞,扩展飞机的使用包线。此经验已经应用在 ARJ21-700 飞机试飞中,如大侧风、高寒、高湿试验等。

11.3 特殊场地条件下的试飞

11.3.1 高原试飞

11.3.1.1 高原试飞概述

高原试飞的目的在于检验飞机在高原机场运行时空调系统、动力系统、燃油系统以及飞机的起飞性能是否满足适航要求。ARJ21-700 飞机 102 架于 2013 年 6 月 18 日从阎良转场格尔木,6 月 26 日完成所有试验内容,历时 9 天,共飞行 35 架次。数据分析表明,ARJ21-700 飞机满足相关条款要求,具备在高原机场运行的能力。

11.3.1.2 高原试飞目的和内容

ARJ21-700 飞机高原试飞包括高原机场起降时座舱压调系统功能和性能试飞、高原起飞推力限制参数验证试飞、燃油系统供油特性(高原)试飞和起飞性能(高原)试飞 4 个科目。其主要目的是验证飞机系统设计是否满足高原运行的适航要求,同时获取飞机在高原运行时的起飞性能数据,如表 11-11 所示。

表 11 - 11　高原试飞目的和条款要求统计表

科　　目	试飞目的	条款要求
高原机场起降时座舱压调系统功能和性能	验证 ARJ21 - 700 飞机在高原机场起降时座舱压调系统功能和性能	CCAR - 25.841,843：压调系统在自动模式下起飞着陆机场信息输入功能正常；座舱预增压、增压、着陆、卸压等功能正常
高原起飞推力限制参数验证	验证在高原运行时，发动机 N1 转速达到全权数字式发动机控制装置（FADEC）设定的目标转速，并演示起飞过程中发动机工作参数不超过限制	CCAR - 25.101；939：试验过程中发动机转速和涡轮后温度等工作参数无超限现象；发动机 N1 转速达到FADEC 设定的目标值
燃油系统供油特性（高原）	验证燃油系统在高原机场的供油能力	CCAR - 25.951：保证以发动机和辅助动力装置正常工作所需的流量和压力向其供油
起飞性能（高原）	获取 ARJ21 - 700 飞机在高原运行时的起飞性能数据	CCAR - 25.105,107,111：起飞过程中，各速度点满足规章要求的爬升梯度，在 35 ft 高度，飞机达到 V_2 速度，在 400 ft 高度，速度达到 $1.18V_{SR}$；起飞时，不需要特殊的飞行员驾驶技术

11.3.1.3　高原试飞场地要求

高原试飞场地要求为型号目标运行的最高高原机场。

11.3.1.4　高原试飞方法

1）起飞性能

（1）正常双发静止起飞：双发 TO/GA 推力稳定后松刹车，速度达到 V_R 抬前轮，俯仰角速率控制在 3(°)/s，目标俯仰角 15°，飞机高度达到 35 ft 试验结束。

起飞性能试飞不能使用滑跑起飞（rolling takeoff）的方法，这样得到的起飞距离偏大，而且重复性差。

（2）单发静止起飞：自动起飞推力控制系统（ATTCS）工作，双发 TO/GA 推力稳定后松刹车，速度达到 V_{EF} 为 3 kn 副驾驶切断右发燃油，左座飞行员意识到单发失效后控制飞机沿跑道继续起飞，飞机速度达到 V_R 抬前轮，俯仰角速率控制在 3(°)/s，目标俯仰角 12°，正爬升率时收起落架，保持 V_2 速度爬升至 400 ft 后改平，飞机加速至 V_2+45 kn 开始收襟/缝翼至"F0"卡位，继续加速至 220 kn 后收工作发动机油门至 MCT 推力，飞机以 220 kn 爬升至 1 500 ft 后试验结束。

按照设计方案，ARJ21 - 700 飞机在单发起飞过程中，35 ft 以下飞行员可以按照指引飞行（12°），35 ft 之后只能按照追速度的方式飞行。由于在起飞性能试飞期间，飞行指示功能不完善，单发起飞时 35 ft 以下指引无法指示 12°俯仰角，因此飞行员只能通过对着俯仰指示来操纵飞机。需要说明的是，单发起飞性能除了确定起飞距离以外,还要考察飞机的起飞航迹,因此,试验必须进行到1 500 ft。

2)发动机性能特性

(1)正常双发起飞:接通ATTCS抑制开关,匀速推双发油门杆至TO/GA位,飞机正常起飞,且保持起飞构形以V_2+20 kn的速度爬升至场高3 000 ft,改平后,试验发动机油门杆保持在TO/GA位,调整非试验发动机的油门杆角度,使得飞机加速接近但不超过起飞构形允许的最大安全平飞速度("2"卡位V_{FE}),飞机稳定平飞。试验发动机油门杆于TO/GA位持续时间为10 min,之后收试验发动机油门杆至TO/GA位以下,进行后续试验。

(2)模拟单发起飞:关闭ATTCS抑制开关,将双发油门杆设置在TO/GA位。当飞机达到50~60 kn的校正空速后,在空速达到V_1之前,1~2 s内收非试验发动机油门杆,使得双发N1转速差至少达到15%,触发ATTCS,模拟单发起飞。保持起飞构形以V_2+20 kn的速度爬升至场高加3 000 ft,改平后,试验发动机保持自动性能储备(APR)状态,调整非试验发动机油门杆,使得飞机加速接近但不超过起飞构形允许的最大安全平飞速度("2"卡位V_{FE}),飞机稳定平飞。试验发动机单发APR状态持续时间为10 min,之后收试验发动机油门杆至TO/GA位以下,进行后续试验。单发冷态试验时,飞机需使用非试发动机单发滑行至起飞线,或者使用牵引车牵引至起飞线。

(3)由于高原起飞性能与发动机性能特性运用的起飞程序以及爬升构型等因素不同,因此两个科目无法结合。两个科目飞行剖面如图11-7所示。

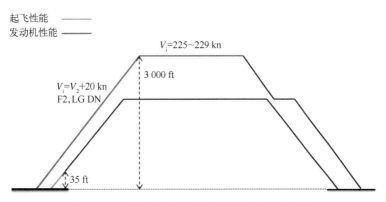

图 11-7　起飞性能与发动机性能飞行剖面对比

3)燃油系统供油特性——单发供油(结合高原起飞推力)

结合发动机性能特性,模拟单发起飞进行,无特殊要求。

4)高原机场起降时座舱压调系统功能和性能

(1)设置着陆机场高度为起飞机场高度,飞机在高原机场正常速率滑跑、起飞,爬升至最大使用高度,待座舱高度稳定后,正常速率下降、进场和着陆。

(2)设置着陆机场高度不超过8 000 ft,飞机在高原机场起飞,正常速率爬升至最大使用高度,待座舱高度稳定后,正常速率下降至安全飞行高度,待座舱高度稳定后,设置着陆机场高度为起飞机场高度,正常速率下降着陆。

11.3.1.5 高原试飞有效性确认

ARJ21-700飞机高原试飞数据有效性快速确认的主要依据有两方面,一方面是试飞任务单对试飞动作的各项要求,另一方面是试飞实施过程中相应的飞行参数是否满足试飞要求。其中起飞性能科目还需确认风速条件是否满足适航要求。

1) 高原起飞性能有效性确认

高原起飞性能试飞过程中,试飞工程师主要通过观察以下内容来进行有效性快速确认:

(1) 试验过程中,风速条件是否满足要求。

(2) 起飞过程中,飞行员切油、抬轮、收起落架、收襟/缝翼、收油门杆等是否满足试验要求。

(3) 飞机抬头率、俯仰姿态、速度保持、高度保持等是否满足试验要求。

2) 发动机主要参数限制值的验证

试飞工程师主要通过观察 N2、涡轮间温度(ITT)等参数是否存在超限情况进行验证。

3) 供油特性——单发供油的验证

供油特性——单发供油试飞过程中,试飞工程师主要观察燃油系统的燃油流量和压力是否能够保证发动机正常工作。

4) 高原机场起降时的座舱压调系统功能和性能试验

高原机场起降时的座舱压调系统功能和性能试验,试飞工程师主要通过监控在自动模式下起飞着陆机场信息输入功能正常、座舱预增压、增压、着陆、卸压等功能正常来进行有效性确认。

11.3.1.6 高原试飞数据分析及判据

1) 试飞数据分析

高原试飞中,气象车直接测量场高 10 m 处风速和风向,采样率为 1 s 一个采样点,并实时记录为电子文档。

起飞过程取飞机松刹车至飞机离地 35 ft 时间段的风速平均值。计算方法如式(11-3)所示

$$V_{wind} = \frac{\sum_{t=t_{35\,ft}}^{t=t_0} V_{wind}}{t} \tag{11-3}$$

式中: V_{wind} 为风速; t_0 为飞机松刹车的时间点; $t_{35\,ft}$ 为飞机上升到离地 35 ft 的时间点。

将采集到的 10 m 高的风速数据换算到飞机气动弦高度处的风速

$$V_{W2} = V_{W1}(H_2/H_1)^{1/7} \tag{11-4}$$

式中：V_{W2} 为飞机气动弦高度处风速；V_{W1} 为起飞段的平均风速；H_1 为气象车采集风速的高度；H_2 为飞机气动弦高度。

2）试验判据

试验过程中发动机高压转子转速和涡轮后温度等工作参数无超限现象，ARJ21-700 飞机高原试飞判据具体如下：

（1）高原机场起降，座舱预增压、增压、着陆、卸压等功能正常。

（2）自动模式下起飞着陆机场信息输入功能正常。

（3）当起飞机场高度大于 8 000 ft 时，爬升阶段座舱高度由离地高度逐渐降低至巡航座舱高度；巡航阶段座舱高度不超过 8 000 ft，当着陆机场高度大于 8 000 ft 时，降落阶段座舱高度由巡航座舱高度逐渐升高至目标着陆座舱高度。

（4）爬升和巡航阶段的座舱压力变化率为 $-19 \sim 16.8$ mbar①/min；下降阶段飞行高度大于 19 684 ft 时，若飞机下降速率大于 3 346.2 ft/min，则座舱压力变化率为 $-21.8 \sim 39.1$ mbar/min，否则座舱压力变化率为 $-21.8 \sim 16.8$ mbar/min；下降阶段飞行高度不超过 19 684 ft 时，若飞机下降速率大于 1 673.23 ft/min，则座舱压力变化率为 $-21.8 \sim 39.1$ mbar/min，否则座舱压力变化率为 $-21.8 \sim 16.8$ mbar/min。

（5）座舱压差不超过 56.8 kPa。

11.3.1.7 高原试飞经验

1）起飞性能试飞风速限制要求

AC-25-7 3a(3)(b)2 对起飞性能试飞中的风速要求进行了说明，要求当飞机位于跑道上时，飞机平均气动弦高度处的风速不得超过 10 kn 或者 $0.11V_{SR1}$（取小者）。由于风速风向往往是不稳定的，一般来说，风速超过 5 kn 时起飞性能数据的可靠性和可重复性较差。ARJ21-700 飞机高原试飞中，机场提供的风速数据为 10 m 高度处测量得到，这与 AC-25-7 要求的飞机位于跑道上时，机翼平均气动弦高度处的风速要求并不完全一致。

AC-25-7 3a(4) 条对风速的测量和修正进行了说明。在一个高度测量的风速，可以按照式(11-4)修正到其他高度。该式对应的风速剖面如图 11-8 所示。

ARJ21-700 飞机在位于跑道表面、有轮载时飞机机翼平均气动弦高度为 1.875 m，根据 AC 给出的式，机翼平均气动弦高度处风速为 5 kn，对应 10 m 高度处的风速为 6.35 kn(3.27 m/s)。因此，10 m 高度处测量到的风速为 6.35 kn(3.27 m/s)即可满足 AC 中 5 kn 的要求。

考虑到 AC 中 5 kn 的要求并不是强制的，如果可以证明试飞结果可靠、重复性好，则风速要求可以放宽到 10 kn。10 m 高度处测量到的风速为 12.7 kn

---

① mbar 为非法定压强、压力单位。1 mbar=0.001 bar，1 bar=10^5 Pa=1 dN/mm²。

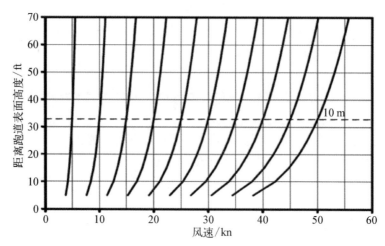

图 11 - 8　高原试飞风速剖面

(6.53 m/s)即可满足上述 10 kn 的要求。

2) 高原试飞中的刹车能量

由于高原机场密度高度较高,因此同样的指示空速对应的地速较大。因此,对于相同的重量和相同的指示空速,高原机场的刹车能量要远远大于平原机场。

由于 ARJ21 - 700 飞机在高原试飞前对刹车能量验证不足,因此在高原试飞期间,ARJ21 - 700 飞机实际只能使用"F3"卡位进场,"F4"卡位着陆,其着陆重量限制为 35 878 kg。

11.3.2　噪声试飞

11.3.2.1　噪声试飞概述

噪声是运输类飞机对运行环境影响最为直接的一个方面。民用机场选址时都会远离居民密集区,就是基于噪声方面的考虑。适航规章 CCAR36 部要求开展民机噪声试飞,验证飞机飞行时的噪声水平。

11.3.2.2　噪声试飞目的和内容

根据 CCAR 36.103 条要求,运输类飞机必须按 36 部附件 B 要求的测量点和试验程序,按照 36 部附件 A 的具体规定来测量和评定噪声级。由于 ARJ21 - 700 飞机是在 2006 年 1 月 1 日之后提交型号审定申请的,因此,必须表明其噪声级不超过 36 部附录 B 中规定的第 4 阶段噪声限制。

ARJ21 - 700 飞机噪声试飞包括飞越噪声、横侧噪声、进场噪声以及发动机 Spool - Down 4 个合格审定试飞科目,期间还开展了一个为后续衍生机型积累数据的地面到飞行映射(GTFE)研发试飞科目。

11.3.2.3　噪声试飞场地要求

CCAR36 部附件 A 对试验场地的要求为:试验场地必须选择在比较平坦的地

带,并且没有茂密或高大的草、灌木以及树木之类有较强吸声特性的物质。

　　ARJ21-700 飞机噪声试飞选择在蒲城内府机场进行,机场地势平坦,距离城镇较远,周围没有厂矿企业和其他影响噪声测量的噪声源,机场内南北方向可以布置 3 个噪声测量点,测量点附近没有任何障碍物,满足噪声测量的要求。

　　ARJ21-700 飞机噪声试飞期间,在蒲城机场跑道南侧距离跑道中心线 220 m 处,与跑道中心线平行的线上建立噪声测量飞机飞行航线。在飞机飞行航线上,垂直于跑道东侧联络道位置布置飞越和进场噪声测量点 S_1,在飞越和进场噪声测量点两侧,垂直于飞机飞行航线距离飞越和进场噪声测量点 450 m 处布置两个横侧噪声测量点 S_2、S_3。测量点布置如图 11-9 所示。

图 11-9　3 个噪声测量点位置图

　　为了不影响噪声测量效果,噪声测量点需进行特殊处理,处理方法为:以噪声测量点为中心,对半径 10 m 范围的土地进行修整,铲除所有植被,并对土地进行平整、夯实。

　　飞越噪声和进场噪声测量要求飞机从噪声测量点正上方飞过,噪声测量时需考虑地面对声音反射的影响,故需布置两个噪声测量设备,设备 1 用于测量飞机噪声和地面反射噪声,设备 2 用于直接测量飞机噪声;横侧噪声测量点位于飞机航迹两侧 450 m,噪声反射的影响较小,只需要一个噪声测量设备,如图 11-10 所示。

11.3.2.4　噪声试飞方法

1) 等效程序法(NPD)

　　本次噪声试飞使用 NPD 方法,该方法是 CCAR36 附件 A 和 B 的等效程序。国外从 20 世纪 70 年代在民机噪声适航审定试飞中开始使用,已经积累了大量成熟的经验,A380、ERJ21、B707、B737、B747 等飞机噪声合格审定中都使用了这种方

图 11-10　进行土地平整后的噪声测量点

法,该方法已经被 FAA 和 EASA 接受。

　　航迹切入程序是指进行飞越、进场和横侧噪声测量时,飞机不必每次都从跑道上的静止位置开始,进场噪声测量时不必每次着陆。整个试验过程中,飞机一直保持飞行,从而节省了宝贵的时间。航迹切入程序分为起飞航迹切入程序和着陆航迹切入程序。

　　(1)起飞航迹切入程序。

　　图 11-11 给出了一个典型的起飞航迹切入剖面。飞机在 A 点开始稳定地平飞,至 B 点使用起飞功率,开始爬升。在 C 点达到稳定的爬升状态,切入起飞航迹并且持续到噪声合格审定起飞航迹结束。D 点是基准航迹的起飞离地点,如果要

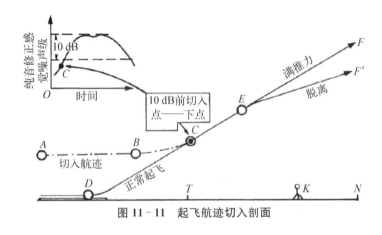

图 11-11　起飞航迹切入剖面

使用减功率起飞,则 E 点是减功率起点,F 点是噪声合格审定起飞航迹的终点。
TN 是与 K 点的噪声测量同步进行的飞机位置测量的距离。

(2)进场航迹切入程序。

图 11‐12 给出了一个典型的进场航迹切入剖面。进场时,飞机沿着计划好的
飞行轨迹飞行,同时保持稳定的构型和功率,直到最大纯音修正感觉噪声级
(PNLTM)的 10 dB 降之外。飞机复飞后进入下一任务点飞行航迹。

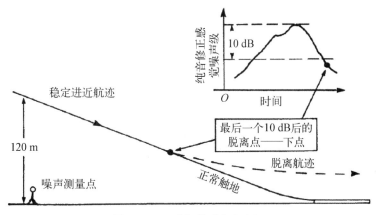

图 11‐12 进场航迹切入剖面

(3)试飞方法。

噪声试飞采用航迹切入法。飞机按规划好的航线飞行(见图 11‐13),噪声测
量点位于 G 点、F 点之间;试飞方法如下所述:

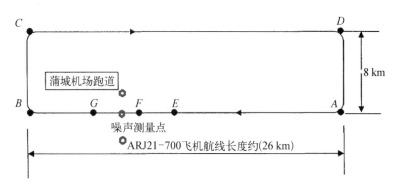

图 11‐13 噪声试飞航线

a. $A \sim E$ 调整飞机高度保证到达 E 点时飞机无线电高度表高度为航迹切入
高度。

b. $E \sim F$ 段飞机平飞,设置好飞机构型,根据具体情况在 F 点前 $0.1 \sim$
0.3 n mile 设置好发动机功率,F 点切入起飞或者下降航迹,G 点改出动作,进入五
边航线准备执行下一个试验点。

c. 每 50 分钟气象飞机升空测量噪声测量点空域气象条件。

2）航迹精度保障方法

水平方向：通过在中央显示器（CDU）里设置 A、B、C、D、E、F、G 点坐标建立导航点，通过导航点建立目标航迹，飞机沿目标航迹飞行保证水平方向航迹。

垂直方向：通过自动飞行系统高度保持功能或者机组根据 PFD 上高度显示进行人工飞行实现，无线电高度作为参考高度。

11.3.2.5　噪声试飞有效性确认

噪声试飞快速有效性确认的判据包括气象参数是否满足噪声试验要求，具体要求为：

（1）试验点的执行时间距离上次或者下次温度、湿度测量是否小于 30 分钟。

（2）高于地面 10 m 与飞机之间的整个传声路径上，温度为 −10～35℃，湿度为 20%～95%，空气声衰减率不超过 14 dB/100 m。

（3）距离地面 10 m 高度处测得 30 s 平均风速不超过 12 kn，30 s 平均侧风风速不超过 7 kn，最大风速不超过 15 kn，最大侧风风速不超过 10 kn。

（4）飞机飞越噪声测量点上空空速、高度、横向位置是否满足试验要求；具体要求为高度误差 ±20%；横向位置误差在噪声传感器上空 10° 夹角以内，速度误差 ±2 kn。

（5）噪声测量点是否完整记录了飞机飞越噪声测量点上空前后 15 dB 倍降区间的噪声，且该时间段无其他噪声源影响。

11.3.2.6　噪声试飞数据分析及判据

噪声数据分析需要使用专门的软件进行，下文只是从整体上对数据分析方法进行概述。

试验测量数据确定有效感觉噪声级（EPNL）的程序如下：通过航迹偏差、发动机工作状态、地速和大气吸声修正等，将每次飞行的噪声测量数据修正至声学基准条件下。试验测量数据应按照 CCAR 36 部 R1 版 A36.9 条的规定进行修正，获得的 EPNL 以分贝的形式给出。测量数据的分析软件需符合 CCAR 36 部 R1 版的要求，并得到 CAAC 认可。

测量数据修正是为了建立飞越 NPD 数据库和进场噪声——功率数据库。横侧噪声级修正至正常起飞功率，确定横侧噪声级与高度的函数关系，最终确定最大横侧 EPNL 的位置（离地高度）。飞越噪声级和横侧噪声级均以地速 175 kn 为基准进行修正，进场噪声级则以地速 158 kn 为基准进行修正。噪声数据分析的中间结果和最终结果以表格形式给出。

飞越噪声的 EPNdB 噪声值小于 89.0，横侧噪声的 EPNdB 噪声值小于 94.8，进场噪声的 EPNdB 噪声值小于 98.7。3 个测量点的 EPNL 与第 3 阶段噪声限值的裕度之和大于 10EPNdB，任意两个测量点的 EPNL 与第 3 阶段噪声限值的裕度之和大于 2EPNdB。

11.3.2.7 噪声试飞经验

1) 选好试飞机场、协调好试飞空域

噪声试飞对噪声测量范围背景噪声水平有很严格的要求,要求除试验飞机外不得有其他噪声源。本次噪声试飞过程中发生多次其他噪声源影响飞行的情况,建议后续型号噪声试飞尽量选取一个受其他噪声影响较小的试飞场地。

2) 风险评估要更加充分

本次噪声试飞开展之前,申请人将噪声试飞风险等级评定为低风险,后续听取局方建议后将部分低高度试验点改为中等风险。实际试飞情况表明,部分慢车下滑状态点,飞机出现撞地的可能性较大,建议后续型号试飞就慢车下滑状态点进行充分的评估,制订充分的风险预案,尽量降低试验风险。编者认为,8 个"F4"卡位的GTFE 状态点风险等级应该为高。

3) 机上监控平台加装航迹监控画面

飞机航迹监控画面能够实时显示飞机的飞行航迹,对快速判断试验点有效性有着非常重要的作用。本次噪声试飞前两个星期,机上试飞工程师监控台上未加载航迹监控画面,每个试验点执行后机组不能及时了解飞机实际飞行航迹是否满足试飞需求。在试飞最后阶段才将航迹监控画面加载到飞机监控台上,加装后大大增加了试验点成功率。后续型号试飞,在试验开始前就应确保机上监控台和地面监控台上的技术人员均能看到所需的监控画面。

4) 进行早场飞行

噪声试飞飞行高度低,对航迹精度、气象条件要求都很高,早晨气温变化小、气流稳定、航迹保持响度容易,有利于提高状态点的成功率。本次噪声试飞进行了两次早场飞行,飞行机组反映早场飞行气流非常平稳,无任何湍流,航迹精度易于保持。

11.4 特殊气象和场地试飞的展望

民机特殊气象和场地试飞的组织由于涉及的因素和方面比较多,因此从ARJ21 - 700 飞机试飞的经验来看,花费的时间和牵涉的精力也都比较大,为了缩短后续民机研制试飞的周期,有些问题可能需要在民机研制体系高度进行研究解决。

(1) 进一步研究确定满足民机特殊条件试飞的国内机场(含军用机场)作为其试验基地。如建立专门的大侧风试飞基地,则加大对这些机场的建设,如跑道长度、导航设备以及场务保障设施,并在空域协调保障上给以方便,为民机专项试飞创造有利的条件。

(2) 选择不繁忙的机场,作为民机民航机场设施配试的试飞基地,充分考虑民机试飞的需要,建立一套完备的符合民航标准的民航机场设施,提高其验证能力。考虑某些试飞科目对机场的特殊要求,进行专门的机场建设,如为溅水试验等特殊科目修建平整的跑道等。这种模式能够降低试飞成本,提高试飞效率。

(3) 根据国内民机的运行环境,建立运行环境数据库,建立完善的国内相关的环境要求标准,同时建立国家/地方气象部门对民机试飞的支持保障系统,为民机特情试飞提供气象预测、咨询与合作。

(4) 建立合适民机试飞的调机和空中管制组织模式,为开展灵活性的民机专项外场试飞创造条件。为民机研制试飞的调机开通绿色渠道,建议可允许民机试飞在一段时间制订常备飞行计划,有合适气象时可提前一天或当天申请调机;对于作为外场特殊情况试飞的机场,在民机试飞期间给予重点的保障,特别是在空域和航路上,争取开放相对独立的民机试飞的空域,在不影响军方和民航航班的正常运营下,最大限度地有效保障试飞活动。

(5) 继续开展民机特殊条件试飞的国际技术合作。对于民用飞机飞行试验来说,机场资源、气象资源及航管资源都是至关重要的,是保证试飞效率和成功率的必备条件。但由于国内气象的限制,自然结冰、大侧风等试飞国内难以找到合适的机场,因此后续项目仍需加强国际合作,在全球范围内寻找合适的试飞地点。

参考文献

[1]　CAAC.民用航空产品和零部件合格审定规则(CCAR - 25 - R4)[S].2011.

12　功能和可靠性试飞

　　功能和可靠性试飞是为确保航空器及其零部件和设备是可靠的且功能是正常的所必须进行的飞行试验,某种意义上不同于一般性的试飞,是取得 TC 证前最后一个检查飞机有无安全风险的审定试飞。

　　功能和可靠性试飞是长周期、高投入的专项试飞项目,其关键技术包括试飞方式确定、飞机系统试飞时间分配、时间折算比例、构型要求及控制原则、载客要求及航线运营要求、试飞判据制订、试飞故障处理、试飞数据记录等。功能和可靠性试飞的适航条款要求是明确的,但是执行功能和可靠性试飞时的具体试飞时间设定、试飞内容、构型要求、飞行安排以及结合进行手册评估等技术需求方面需要丰富的工程经验。本章在国内外民用飞机功能和可靠性试飞经验的基础上,就一般民用运输类飞机功能和可靠性试飞的适航条款、构型要求、试飞大纲、试飞内容、构型管理、手册评估、航线分配、飞行剖面等方面进行了阐述,分析和给出了功能和可靠性试飞的一般构型评估原则、试飞内容制订原则、手册评估范围和典型飞行剖面。并针对功能和可靠性试飞期间出现的构型更改和试飞故障的处理方式进行了分析,对功能和可靠性试飞准备过程中出现的典型问题提出了解决方法和经验,可为国内民用运输类飞机开展功能和可靠性试飞提供借鉴。

12.1　条款分析

　　1947 年 5 月 15 日,FAA 的 CAR 第 3 部的 3.19 章节要求所有的民用飞机的适航审定工作需进行运营试飞(service test),目的是确保飞机及其零部件、设备是可靠的,且功能是正常的(ascertain whether there is reasonable assurance that the airplane, its components, and equipment are reliable and function properly,简称为 F&R 试飞)。

　　1951 年 1 月 15 日,FAA 修正案 3-4 对 CAR 第 3 部进行了修订,删除了飞行高度 6 000 ft 及以下飞机的运营试飞要求,因为高度 6 000 ft 及以下的飞机是私人飞机,其运营试飞可能会给制造商带来额外的负担。

　　按照 CCAR-21-R3《民用航空产品和零部件合格审定规定》§ 21.35(二)2 规定,新型号民用运输类飞机应该完成功能可靠性试飞,以便向局方和公众合理地确保航空器及其部件和设备是可靠的且功能是正常的。

CCAR-21-R3§21.212 规定,功能和可靠性验证试飞应取得第一类特许飞行证。

CCAR-21-R3§21.35 飞行试验和§21.212 特许飞行证分类相关规定中规定,功能和可靠性试飞是局方试验,是对新型号飞机进行的专项试飞,是在飞机颁布 TC 证前即取得最终设计批准前进行的,主要模拟其在服役中的运营情况[1]。

功能与可靠性试飞是为确认航空器及其零部件和设备是可靠的、能正常工作的,且是满足航空器评审组(AEG)的审查要求的审定试飞。其试飞要在申请人表明其符合结构要求、完成了所有必要的地面检查和试验、证明了航空器的制造符合性,并向审查组提交了包含试飞结果的试飞报告后进行。航空器评审组(AEG)的验证试飞可以与功能和可靠性试飞一起进行。

12.2 运行要求

功能和可靠性试飞主要模拟飞机在服役中的运营情况,因此,执行功能和可靠性试飞时需考虑和满足飞机实际运行的要求。一般民用运输类飞机具备大气候结冰条件下运行、延伸跨水运行、目视飞行规则下全天候运行和仪表飞行规则下运行等能力。功能和可靠性专项试飞将通过模拟运营的方法进行长、中、短航线试飞[含预期的环境适应性试飞、仪表飞行规则(IFR)下白天/夜间试飞和目视飞行规则(VFR)下白天/夜间起降]表明条款符合性,对于特殊运行环境下的试飞实施原则一般如下:

（1）需要进行常见的恶劣环境试飞,如雨天、夜航等。

（2）极限气候的试飞不是必须进行的,例如,高寒、高温/高湿、大侧风、高原、自然结冰等,可使用前期申请人试飞或审定试飞数据资料。

12.3 试飞方法

根据国际已有型号试飞经验以及 ARJ21-700 飞机功能和可靠性试飞经验,对 AC-25-7(咨询通告)中功能和可靠性试飞的试飞时间和方式进一步的认识,主要如下:

（1）对于装有未取证发动机的飞机,功能和可靠性试飞需要 300 飞行小时;对于装有已取证发动机的飞机,功能和可靠性试飞需要 150 飞行小时,因此 ARJ21-700 飞机功能和可靠性试飞需要 300 飞行小时。

（2）功能和可靠性试飞的方式可分为专项试飞、结合试飞和补充性试飞,补充性试飞分为集中试飞和混合试飞两种类型。目前,多数型号飞机取证工作已不采取补充性试飞的方式。其中专项试飞为局方试飞,结合试飞为结合其他审定试飞的申请人试飞。ARJ21-700 飞机功能和可靠性试飞,经与审查组协商需要专项试飞 150 飞行小时,结合试飞 150 飞行小时。

（3）关于结合试飞时间折算比例:依据规章和咨询通过的理解,结合试飞 150

飞行小时按照 1∶1 的比例进行,且要求每个系统构型为取证构型,每个系统飞行时间为 150 飞行小时。另外,参照 B747 飞机功能和可靠性试飞的样例,以及 ARJ21-700 飞机功能和可靠性试飞结合试飞时间从 TIA 开始,按照 5∶1 的比例来完成结合试飞 150 飞行小时的样例,一般情况下,功能和可靠性结合试飞从进入 TIA 试飞阶段开始,按照 5∶1 的比例进行统计审定试飞和表明符合性试飞飞行时间的做法也可以得到局方的认可,但是会增加构型控制的风险[2]。

12.3.1 试飞时间

功能和可靠性试飞时间指的是轮挡时间。为了加快民用飞机型号合格审定程序的完成,一架生产型或等同构型的飞机应该进行正式的功能和可靠性审定验证试飞,而另一架飞机(或几架飞机)用来进行航线类型的试验。功能和可靠性审定试飞是按照单架飞机来统计飞行时间的。对于多架同时进行试验的飞机,应按照其中飞行时间最长的那架进行验证。如果局方认为可行,则在进行正式功能和可靠性验证试飞飞机的试验时间大部分满足 CCAR-21-R3 §21.35(六)要求的前提下,可以把其他飞机的试验时间进行折算作为剩余部分。

一般情况下,功能和可靠性验证试飞和合格审定试验存在一定交叉,应证实交叉部分试验的相关设计一致性。如在合格审定验证飞行阶段,对飞机航电系统的验证试验可以在类似于典型的航线运行的工作条件下进行,那么该部分试验就可等同于该系统的功能和可靠性验证试飞。在功能和可靠性验证试飞大纲中对于其要求被 25 部型号合格审定试验所覆盖的那些功能试验,可以制订出余量。对新的装置和设备的鉴定类型的试验也可以制订出余量。

12.3.1.1 试飞时间的确定

功能和可靠性试飞相关适航条款强调了试飞时间的重要性,功能和可靠性试飞的试飞时间对不同的取证类型飞机有着不同的要求,按照 CCAR-21-R3 第 21.35 条(六)的规定:"装有未曾在已有型号合格证或型号设计批准书的航空器上使用过的某型涡轮发动机的航空器,应当以符合型号合格证的该型全套发动机为动力至少飞行 300 小时;对于所有其他航空器,至少飞行 150 小时。"考虑到一些不确定的、偶然的试验时间可能会导致实际的试飞时间与计划的不同,AC 25-7A 给出了更为灵活的时间选择。

综合对 CCAR-21-R3 第 21.35 条(六)和 AC25-7A 附录 8 内容的理解,对功能和可靠性试飞时间的选择主要有以下原则:

(1) 对于涡轮发动机驱动的飞机型号,如果发动机前期没有取得合格证,则 CCAR-21-R3 §21.35(六)(1)要求功能和可靠性试飞时间至少为 300 小时。

(2) 对于新的复杂的飞机型号,如一架电子飞行控制系统(电传操纵)的飞机,功能和可靠性试验时间至少为 300 小时。

(3) 对于其他类型的飞机型号,其功能和可靠性试飞时间至少为 150 小时。

（4）对满足批生产构型的飞机，功能和可靠性试飞至少为 150 小时。

如果对确定型号的部件试验和补充的经验已经获得认可，那么 300 小时的时间可以减少。如果没有考虑补充经验，而且飞机具有常规的复杂性和设计特性，没有采用以前未取得合格证的发动机（包括改型的发动机），那么其功能和可靠性验证试飞可以在 300 小时内完成。然而，如果遇到非常规或设计特别复杂时，试验时间应多于 CCAR - 21 - R3 § 21.35（六）(2)中规定的 150 小时。

另外，功能和可靠性试飞时间不考虑各系统、设备的差异，即对于选装设备不因设备型号差异而单独增加试飞时间。

12.3.1.2　试飞时间折算方法

基于适航条款对功能和可靠性试飞时间要求的严格性，以及功能和可靠性试飞时间选取原则的多样性，向局方表明功能和可靠性试飞满足适航要求时必然会牵涉到试飞时间的折算问题。对于功能和可靠性试飞时间的折算方法，咨询通告规定了以下原则：

（1）对于集中经验（指通常的专项试验活动），当这种折算方法是基于航空公司机组训练以及类似的集中运营时，这种运营的 2 小时相当官方试飞的 1 小时。

（2）对于其他经验（指结合试验活动或者补充试验活动），当这种折算方法是基于任一架次飞机总飞行小时时，这种经验的 5 小时相当于官方试飞的 1 小时。

在此，我们把"集中经验"定义为功能和可靠性试飞的专项试飞，把"其他经验"定义为功能和可靠性试飞的结合试飞。从以上两种折算方法可以看出，一新型号飞机功能和可靠性试飞存在多种组合方式，并不是只进行专项试飞或结合试飞的单一模式。从已取证型号的试飞经验来讲，多采用结合试飞和专项试飞并存的方式来完成功能和可靠性试飞。功能和可靠性结合试飞的时间折算可以贯穿于除专项试飞外的其他飞行试验，一般从首飞即可算起。如果想更有说服力且折算时间足够的话，也可从新型号飞机取得首个 TIA 开始算起。

试飞时间一般满足以下计算方式：

$$T_总 = T_结合 + T_专项 \tag{12-1}$$

$$T_结合 = T_0 \tag{12-2}$$

或者

$$T_结合 = T_1/5 \tag{12-3}$$

式中：$T_总$ 为功能和可靠性试飞总时间；$T_结合$ 为结合试飞时间；$T_专项$ 为专项试飞时间；T_0 为每个系统执行的结合试飞时间，即每个系统需结合安排 150 飞行小时；T_1 为结合试飞阶段的飞机总试飞时间。

针对结合试飞的上述两种折算方式，其最终目标是统一的，其目的都是要充分验证每个系统的功能和可靠性。理想情况下，两种方式的试飞结果应该是没有差别的。但是实际上，T_0的方式注重的是对每个系统最终构型的检查，T_1的方式注重的是对飞机最终构型的检查，如果飞机构型没有偏离，则上述两种方式的试飞结果和总飞行时间是一致的。

12.3.2　检查次数和频率

功能和可靠性试飞不同于一般性试飞，是 TC 或交付前的最后一个检查飞机有无安全风险的飞行活动，是飞行试验的最后一道关口。所以，功能和可靠性试飞要对那些不经常使用的系统或设备进行检查，一般操作次数为 5 次左右。

在规定的飞行时间和运营环境下，应尽可能多地使用或操作各系统，以检查各系统功能的可用性和可靠性，条件允许的话，以操作次数尽可能多为好。

12.4　试飞内容

12.4.1　功能检查内容

必须根据飞机的设计特点制订具体的功能和可靠性试飞项目，根据塞斯纳系列飞机和 ARJ21 - 700 飞机的试飞经验，民用运输类飞机的检查要求一般可分为如下情况，典型的功能和可靠性试飞检查项目和目标如表 12 - 1 所示。

表 12 - 1　典型喷气式支线客机功能和可靠性试飞检查项目及目标

序号	ATA	项目编号	检查项目	检查方式	总检查目标	专项目标	结合目标
—		U	一般检查项目		—		—
1		U - 01	日期	记录	—	所有架次	—
2		U - 02	座舱乘员数量	记录	—	所有架次	—
3		U - 03	起飞重量	记录	—	所有架次	—
4		U - 04	起飞重心	记录	—	所有架次	—
5		U - 05	起飞机场	记录	—	所有架次	—
6		U - 06	起飞机场气象条件	记录	—	所有架次	—
—			风速	记录		所有架次	
—			风向	记录		所有架次	
—			场温	记录		所有架次	
—			场压	记录		所有架次	
—			能见度	记录		所有架次	
—			降雨、降雪等	记录		所有架次	
7		U - 07	着陆机场	记录	—	所有架次	—
8		U - 08	着陆机场气象条件	记录	—	所有架次	—

(续表)

序号	ATA	项目编号	检查项目	检查方式	总检查目标	专项目标	结合目标
9		U-09	着陆重量	记录	—	所有架次	—
10		U-10	已用燃油	记录	—	所有架次	—
—		A	地面检查项目				—
11		A-01	压力加油		—	—	—
—			手动	次数	15	3	12
—			自动	次数	100	50	50
12		A-02	放沉淀后油样检查	次数	30	10	20
13		A-03	应急门检查	次数	15	10	5
14		A-04	前/后货舱门检查	次数	50	30	20
15		A-05	登机门检查	次数	50	30	20
16		A-06	前服务门检查	次数	15	10	5
17		A-07	行李舱门、盥洗室门检查	次数	50	30	20
18		A-08	驾驶舱的装饰	次数	50	30	20
19		A-09	旅客舱的装饰	次数	50	30	20
20		A-10	货舱的装饰	次数	50	30	20
21		A-11	起飞构型告警		—	—	—
—			水平安定面配平不在绿色带范围	次数	50	30	20
—			自动驾驶仪在接通位置	次数	50	30	20
—			襟/缝翼不在起飞位置	次数	50	30	20
—			停机刹车未释放	次数	50	30	20
—			副翼配平＞±1°	次数	50	30	20
—			方向舵配平＞±1°	次数	50	30	20
—			扰流板不在起飞位置	次数	50	30	20
22		A-12	着陆灯、滑行灯、跑道转弯灯	次数	50	30	20
23		A-13	防撞灯检查	次数	50	30	20
24		A-14	探冰灯检查	次数	50	30	20
25		A-15	航行灯检查	次数	50	30	20
26		A-16	频闪灯检查	次数	50	30	20

（续表）

序号	ATA	项目编号	检查项目	检查方式	总检查目标	专项目标	结合目标
27		A-17	标志灯检查	次数	50	30	20
28		A-18	空勤氧气系统测试	次数	50	30	20
29		A-19	风挡加温自检测	次数	50	30	20
30		A-20	防火系统自检测	次数	50	30	20
31		A-21	探头加温自检测	次数	50	30	20
32		A-22	地形防撞警告系统（TAWS）自检测	次数	50	30	20
33		A-23	TCAS自检测	次数	50	30	20
34		A-24	结冰探测器自检测	次数	50	30	20
35		A-25	液压系统检查	次数	50	30	20
36		A-26	外电源全机供电	次数	15	6	9
37		A-27	APU地面起动及空调引气	次数	10	5	5
38		A-28	APU引气起动发动机	起动	10	5	5
39		A-29	交叉引气起动发动机	起动	10	5	5
40		A-30	失速保护系统测试	次数	50	30	20
41		A-31	机体外观检查	次数	50	30	20
42		A-32	外电源地面服务供电	次数	10	5	5
43		A-33	蓄电池供电检查	次数	50	30	20
44		A-34	APU发电机单独供电	次数	10	5	5
45		A-35	左/右发电机单独供电	次数	10	5	5
46		A-36	厨房供电	次数	20	10	10
47		A-37	水煮沸器、咖啡器、热杯、工作灯（均为一号厨房插件）等检查	次数	10	10	0
48		A-38	一号烤箱（二号厨房插件）检查	次数	10	10	0
49		A-39	机翼/短舱防冰检查	次数	50	30	20
50		A-40	雨刷臂雨刷刃目视检查	次数	50	30	20
51		A-41	时钟显示时间、日期和计时功能	次数	50	30	20
52		A-42	起落架收放检查	次数	10	—	10

序号	ATA	项目编号	检查项目	检查方式	总检查目标	专项目标	结合目标
53		A-43	驾驶舱指示灯、泛光灯检查	次数	50	30	20
54		A-44	天花板荧光灯、侧壁荧光灯检查	次数	50	30	20
55		A-45	旅客信号牌、旅客呼叫系统检查	次数	20	10	10
56		A-46	入口区域灯、厨房工作灯检查	次数	50	30	20
57		A-47	后过道灯、盥洗室灯检查	次数	50	30	20
58		A-48	服务员工作灯、储藏室灯检查	次数	50	30	20
59		A-49	前、主起落架灯检查	次数	50	30	20
60		A-50	前、后附件舱灯检查	次数	50	30	20
61		A-51	水/废水服务板灯检查	次数	20	10	10
62		A-52	旅客阅读灯检查	次数	50	30	20
63		A-53	EE舱灯检查	次数	50	30	20
64		A-54	加油板灯检查	次数	50	30	20
65		A-55	货舱灯检查	次数	20	10	10
66		A-56	气象雷达（WXR）自检测	次数	50	30	20
67		A-57	空勤氧气存储检查	次数	50	30	20
68		A-58	机组面罩送话功能检查	次数	50	30	20
69		A-59	气源系统隔离（ISOL）控制功能	次数	50	30	20
70		A-60	引气关断功能	次数	50	30	20
71		A-61	APU引气功能	次数	50	30	20
72		A-62	引气调节功能	次数	50	30	20
73		A-63	发动机引气切换功能	次数	20	10	10
74		A-64	往水箱加水	次数	10	5	5
75		A-65	指示水箱水位	次数	10	5	5
76		A-66	水箱存储水和增压功能	次数	10	5	5
77		A-67	盥洗室龙头水加温功能	次数	10	5	5
78		A-68	水系统排放功能	次数	10	5	5

（续表）

序号	ATA	项目编号	检查项目	检查方式	总检查目标	专项目标	结合目标
79		A-69	冲洗废水箱	次数	5	5	0
80		A-70	盥洗室马桶冲洗排放检查	次数	10	5	5
81		A-71	废水箱存满报警	次数	5	5	0
82		A-72	废水系统故障监控	次数	10	5	5
83		A-73	灰水排放	次数	10	5	5
84		A-74	废水系统排放	次数	10	5	5
85		A-75	APU 地面供电	次数	30	20	10
86		A-76	动力装置发动机点火和起动功能	次数	30	20	10
87		A-77	动力装置为电源系统提供动力源	次数	30	20	10
88		A-78	动力装置为液压系统提供动力源	次数	30	20	10
89		A-79	动力装置提供引气检查	次数	30	20	10
90		A-80	通风窗开关检查	次数	30	20	10
91		A-81	航线（外场）可更换单元（LRU）故障诊断	次数	30	20	10
92		A-82	系统超限功能	次数	30	20	10
93		A-83	限时派遣警告功能	次数	30	20	10
94		A-84	系统趋势功能	次数	30	20	10
95		A-85	生命周期数据功能	次数	30	20	10
96		A-86	系统参数功能	次数	30	20	10
97		A-87	执行测试与调整功能	次数	30	20	10
98		A-88	系统构型数据功能	次数	30	20	10
99		A-89	下载中央维护系统（CMS）报告功能	次数	30	20	10
100		A-90	用户实用功能	次数	30	20	10
—		B	飞行检查项目				—
101	空调	B-01	驾驶舱温度控制	飞行	15	5	10
102	空调	B-02	客舱温度控制	飞行	15	5	10
103	空调	B-03	座舱压力自动控制	飞行	10	5	5
104	空调	B-04	货舱加温	次数	10	5	5

序号	ATA	项目编号	检查项目	检查方式	总检查目标	专项目标	结合目标
105	空调	B-05	货舱通风	次数	10	5	5
106	空调	B-06	乘客风向/风量控制	次数	15	5	10
107	自动飞行	B-07	自动飞行操作				—
—	自动飞行		左驾驶接通自动驾驶	飞行小时	20	10	10
—	自动飞行		右驾驶接通自动驾驶	飞行小时	20	10	10
—	自动飞行		飞行指引仪模式导引	次数	—	102	0
—	自动飞行		自动油门	飞行小时	30	20	10
108	自动飞行	B-08	手动/自动飞行模式转换	次数	20	15	5
109	通信	B-09	甚高频通信	次数	6	5	1
110	通信	B-10	高频通信	次数	6	5	1
111	通信	B-11	选择呼叫	次数	6	5	1
112	通信	B-12	旅客广播	次数	6	5	1
113	通信	B-13	内话	次数	6	5	1
114	通信	B-14	驾驶舱语音记录系统功能	次数	6	5	1
115	电源	B-15	电源系统功能检查	飞行	10	5	5
116	飞控	B-16	副翼	次数	10	5	5
117	飞控	B-17	升降舵	次数	10	5	5
118	飞控	B-18	方向舵	次数	10	5	5
119	飞控	B-19	多功能扰流板	次数	10	5	5
120	飞控	B-20	水平安定面	次数	10	5	5
121	燃油	B-21	向发动机/APU供油功能	飞行	10	5	5
122	燃油	B-22	燃油油量/温度指示	—	—	—	—
123	液压	B-23	提供液压能源	飞行	10	5	5
124	液压	B-24	液压压力、液压油量和液压温度指示	—	—	—	—
125	指示	B-25	时钟时间、日期显示和计时	次数	10	5	5
126	指示	B-26	系统状态、发动机参数和飞行数据等的显示功能	飞行	10	5	5

（续表）

序号	ATA	项目编号	检查项目	检查方式	总检查目标	专项目标	结合目标
127	起落架	B-27	起落架正常收放	循环	60	50	10
128	导航	B-28	大气数据系统功能	飞行	10	5	5
129	导航	B-29	姿态与航向基准系统功能	飞行	20	5	15
130	导航	B-30	气象雷达功能	飞行	6	5	1
131	导航	B-31	无线电高度表功能	次数	6	5	1
132	导航	B-32	惯性基准系统功能	飞行	6	5	1
133	导航	B-33	地形提示和警告系统	飞行	15	5	10
134	导航	B-34	测距器功能	次数	10	5	5
135	导航	B-35	空中交通管制应答功能	飞行	10	5	5
136	导航	B-36	全球定位系统功能	飞行	6	5	1
137	导航	B-37	飞行管理功能	飞行	15	5	10
138	氧气	B-38	旅客氧气面罩人工抛放	次数	3	1	2
139	气源	B-39	气源系统功能检查	飞行	10	5	5
140	水废水	B-40	指示水箱水位检查	次数	10	5	5
141	动力	B-41	动力装置功能检查	飞行	10	5	5
—		C	进近、着陆、滑行				—
142		C-01	襟/缝翼伸出	进近	10	5	5
143		C-02	停机刹车	着陆滑行	10	5	5
144		C-03	人工刹车	着陆滑行	10	5	5
145		C-04	自动刹车	着陆	10	5	5
146		C-05	前轮转弯	滑行	20	10	10
147		C-06	旅客信号牌	降落	6	5	1
148		C-07	甚高频导航系统功能	进近	6	5	1
149		C-08	提供相应的发动机反推力	滑跑	10	5	5
—		D	模拟故障				—
150		D-01	飞控系统进入直接模式	次数	2	1	1
151		D-02	电动泵 3A(3B) 失效	次数	2	1	1
152		D-03	应急放起落架	次数	3	1	2

序号	ATA	项目编号	检查项目	检查方式	总检查目标	专项目标	结合目标
153		D-04	人工增压控制程序	次数	2	1	1
154		D-05	偏航阻尼器失效	次数	1	1	—
155		D-06	自动驾驶仪失效	次数	1	1	—
156		D-07	大气数据系统失效	次数	1	1	—
157		D-08	惯性基准系统失效	次数	1	1	—
158		D-09	左(右)发动机引气失效	次数	1	1	—

（1）飞机正常运行所需的各种系统/设备，可按飞行手册推荐的标准程序执行，如收放起落架、襟/缝翼手柄位置等。

（2）飞机非正常使用的各种系统/设备，如备用设备、特定飞行程序所需使用的设备等，可按设备的功能失效危险等级并结合成熟机型功能和可靠性试飞经验的方式确定检查次数。

（3）模拟故障检查项目，需在主最低设备清单（MMEL）范围内选取，一般选取航线运营中常见的故障，如飞控直接模式、自动驾驶仪失效等，检查次数一般为1次。

（4）特定气象条件使用的系统/设备，如防冰系统、除雨系统、除雾系统等，可按航线实际气象条件择机安排检查，如未遭遇特定气象条件，则可接受其他的试飞数据。

（5）可循环操作的系统/设备，如简图页切换、灯、部分功能切换等，按一定频次连续操作的方式检查系统/设备在多次连续操作过程中系统/设备的功能性，对此类系统/设备的1次循环操作视为1次检查。

（6）对于结合试飞中验证次数或时间较短的系统（即不经常使用的系统或设备），可在专项试飞中适当增加该系统功能的检查次数或时间，一般为5次左右，如果时间允许，则检查次数尽可能多。

（7）功能和可靠性试飞内容不包含AEG检查内容。

12.4.2　运行体系评估

功能和可靠性试飞除进行各系统的功能检查外，还将对运行手册进行评估，并演练和验证主制造商在飞机交付后的运营保障体系和快响体系，为后续交付客户的保障体系建设积累经验。因此，要求功能和可靠性试飞前各相关手册需达到可用状态，并完成初步的手册验证。

手册评估仅是结合进行，不针对手册制订专门的检查程序和操作。另外，功能和可靠性试飞时需要AEG（航空器评审组）人员的参与，申请人应做好AEG审查相关工作的准备。

一般来讲,功能和可靠性试飞期间对飞机的运行和操作要按照手册执行,进而对运行和持续适航文件进行使用和评估。主要有运行类文件(如飞行机组操作手册、快速检查单、客舱机组操作手册等)和维修类文件(维修计划文件、飞机维修手册、故障隔离手册、飞机图解零件目录、系统原理图册、飞机线路图册、结构修理手册、图解工具和设备手册等)。

功能和可靠性试飞期间如果出现超出飞机手册的操作和工作,则申请人应完善手册并进行操作记录。

12.4.3　试飞判据

功能和可靠性试飞检查项目和次数较多,且处于审定试飞最后阶段,飞机构型代表取证构型,比较稳定,试飞判据的制订不能采用量化的方式,如某某系统成功多少次、出现故障多少次等。功能和可靠性试飞的目的是对全机所有系统和结构的功能和可靠性进行检查,如果某系统出现故障或发现其他符合设计要求和适航要求的问题,则申请人必须进行分析和重新验证,且必须关闭或执行有效的关闭计划。根据 ARJ21 - 700 飞机的经验,功能和可靠性试飞的一般判据可制订如下:

(1)在功能和可靠性试飞期间,若系统或设备无故障出现,则可判定系统功能正常;若出现故障,则采取必要的纠正措施后,需与局方商定是否需要重新进行试飞。

(2)重新试飞后,若不再出现同一故障,则认为该架次有效;若再次出现故障,则判定该系统功能不正常,申请人需进行故障原因分析,采取纠正措施后,经申请人与局方共同确定针对该系统的功能和可靠性试飞方案。

12.5　航线分配与飞行剖面

12.5.1　航线分配

一般类型的民用运输类飞机,航线可分为长航程、中航程、短航程 3 种类型。功能和可靠性试飞期间,航线的分配取决于飞机航线运营的规划,多数"中航程"航线较多。所以,功能和可靠性试飞时中航程航线的分配比例需在 50% 以上。ARJ21 - 700 飞机功能和可靠性专项试飞航线规划如图 12 - 1 所示。

12.5.2　航线安排

功能和可靠性试飞具有临时性、灵活性的特点。所以,在编制任务单和计划安排时,我们需要考虑和建立航线临时更改的能力和保障方案。

在航线的试飞安排顺序上,应该先进行长、短航程的极限航线试飞,然后进行中航程航线的试飞,道理类似于型号试飞开始时,要进行包线扩展试飞,以确定边界。另外,在某一天的飞行安排中,可以先安排 2 个飞行架次短航线试飞,再安排中航线或长航线试飞,这样可以加快试飞进度。

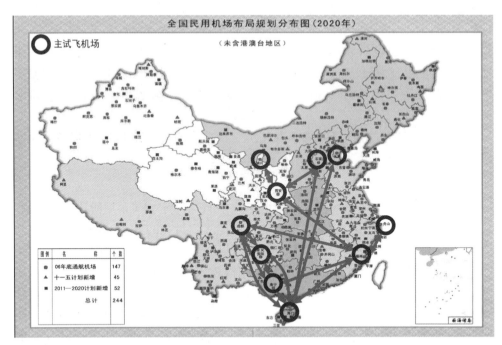

图 12-1　ARJ21-700 飞机功能可靠性试飞航线规划

在临时航线安排上,计划进行含除雨系统的操作试飞,如果原计划的航线没有雨,而另外的航线有雨天气候,那么这时就要考虑改变航线;如果原计划试飞航线没有除雨系统检查的操作,但是航线预报有雨天气候,则可以考虑在任务单中增加除雨系统的操作检查。

12.5.3　飞行剖面

功能与可靠性试飞将基于飞行手册操作程序并且将包含以下几个部分:航前、滑行、起飞、爬升、循环操作、下降、进近/着陆、着陆滑行/发动机和系统完全关闭/停车、转弯/维修。飞行剖面将以飞行时间及飞行高度的形式体现,ARJ21-700 飞机典型的航线飞行剖面如表 12-2 和表 12-3 所示。

表 12-2　长、中、短航线飞行剖面

序　号	飞行时间种类/h	高度/kft
1	1～2(1.8)	21～39
2	2～3.5(3)	39～41
3	3.5～5(4)	41～45

在飞行中,要检查的飞机各系统会进行一个循环操作,飞行条件将在下面的表12-3 中给出。

表 12-3　典型飞行剖面

条　目	飞 行 条 件	循环次数	备　注
爬升到最大高度	爬升到 45 kft,250 kn/Ma 0.75	2	
在最大高度巡航	在 45 kft 以 Ma 0.8 巡航	2	每次 10 min
在最大高度巡航	在 45 kft 以 Ma 0.8 巡航	1	持续 45 min
高速巡航	在 35～41 kft 以大于 Ma 0.8 巡航	1	持续 2 h
远程巡航	在 39～41 kft 巡航	2	持续 3 h
高高度保持	保持在 30 kft	1	20 min
低高度保持	保持在 2～5 kft	1	20 min
高速飞行	在 5 kft 以 300 kn(V_{mo})巡航	1	30 min
高速飞行	在 15 kft 以 V_{mo} 持续飞行	1	10 min
模拟紧急下降	以 M_{mo}/V_{mo} 下降	1	具备氧气系统完整构型,从 45 kft 开始
循环	Go around 复飞	3	
循环	连续起飞	3	
典型剖面	飞行	3	每次飞行 1.8 h

12.6　构型要求与管理

12.6.1　构型要求

依据 AP-21-03-R4《型号合格审定程序》和 AC-25-7A 的理解,按照结合试飞加专项试飞的功能和可靠性试飞模式,考虑到功能和可靠性试飞检查内容分解到各系统的功能层面和不同系统功能实现的耦合影响等因素,功能和可靠性试飞的构型要求如下。

(1) 结合试飞:试飞机或相关系统构型符合各系统或相关系统构型进入 TIA 的构型要求。

(2) 专项试飞:试飞机已拆除所有影响系统/设备功能或可靠性的改装设备,且恢复至生产交付构型。

12.6.2　构型评估

1) 飞机构型

功能和可靠性试飞阶段飞机各系统应是取证构型,各系统或设备需要取得适航标签,如发动机系统必须完成 33 部取证,并获得发动机单机适航证。但是,新型号进入功能和可靠性试飞阶段时往往有部分构型不能完全到位,对部分非主要系统或小功能设备不能及时取得适航标签的情况,申请人可以通过构型评估和提交证明材料的形式,向局方证明构型偏离不影响功能和可靠性试飞结果。最关键的是系统或设备的功能到位,如果仅是没有适航标签,并且有确切的最终构型到位计划,则构型偏离可以在局方批准的情况下存在。

对于复杂的系统更改或者涉及驾驶舱环境的更改,如果在功能和可靠性试飞前没有得到适航标签或者局方认证,则局方是难以接受申请人进行功能和可靠性试飞的。

涉及发动机进气系统、防冰系统、航电系统等诸多更改,如果没有取得 33 部 TC 证,则局方是难以同意开展功能和可靠性试飞的。但是从审定程序讲是可以的,申请人如果有信心证明构型更改的影响是单一的,如对发动机性能和功能、对其他系统的性能和功能、对飞行员操作没有影响的情况下,可以向局方提交材料沟通在这些系统没有取得 33 部的情况开展功能和可靠性试飞,但是局方拒绝的可能性较大。

根据现有国内、国外型号功能和可靠性试飞经验,构型评估工作可参考如下原则进行:

(1) 需安装有发动机单机适航标签的飞机进行试飞,其他系统或部件需按要求(审定计划要求)取得技术标准规范(TSO),个别系统或部件不能取得 TSO 的需提供相关材料并得到局方认可。

(2) 对于其他系统(如航电系统、飞行控制系统等),在对应系统完成审定试飞且专业审查代表认可试飞结果时,局方一般可以接受该系统构型支持功能和可靠性试飞。

(3) 对难以贯彻的结构设计更改(机体结构类构型偏离),在不影响飞机安全和试飞结果(功能使用)情况下,可以存在偏离(如结构加强等)。

2) 测试改装构型

功能和可靠性试飞对飞机构型的要求是取证构型,或者说批生产构型,试飞机的测试设备需要全部拆除,并贯彻所有的设计更改。一般情况下,民用飞机的功能和可靠性试飞多采用批生产的飞机执行,这样可以避免拆除测试设备和贯彻所有新设计更改带来的巨大工作。

选择试验飞机执行功能和可靠性试飞,测试改装设备通常不可能完全拆除,如设备内部的一些传感器等设备。申请人需要通过评估的方式,证明这些测试设备不影响试飞结果,且没有安全风险,并获得局方批准。

12.6.3　构型更改

功能和可靠性试飞完成后,发现某构型需要进行设计更改(如因客户要求、经济性、安全性等原因),申请人在构型完成更改后可以采取补充功能和可靠性试飞的方式表明条款符合性。

一般情况下,补充的试飞内容取决于构型更改的影响。如果构型更改对其他系统影响较小,则可以仅对该系统执行 5 个飞行架次左右的补充功能和可靠性试飞;如涉及的系统或设备较多,则可能需要进行更多架次的补充试飞,补充试飞的工作量需要和局方共同商议和评估。例如 DC‐9 飞机,其反对装置进行了更改,功能和可靠性试飞补充了 5 个飞行架次。

12.7 问题及故障处理

功能和可靠性试飞期间可能会出现一些问题或故障,申请人首先需按照手册进行处理,并如实记录故障发生现象以及采取的措施,在试飞报告中进行统计和分析。

12.7.1 故障处理

(1)一些如安装不当、操作不到、部件消耗等类型的故障。此类故障对飞机的功能、飞行安全无影响,且故障原因、解决方案、解决计划明确,通常不影响功能和可靠性试飞的计划开展。

(2)涉及基本构型更改或者存在安全风险的故障,功能和可靠性试飞需要停止,直至故障解决方可复飞。此种类型的故障一般不常见。

12.7.2 问题处理

根据 ARJ21‐700 飞机功能和可靠性试飞经验,试飞期间多会发现一些细节性问题。这些问题通常可通过解释、机务排故、手册更新等措施关闭,但也有一些故障或者设计缺陷可能会导致飞机构型更改,进而导致试飞时间的增加以验证新构型的符合性。一般发现的问题可分为如下几类:

1) 故障类问题

此类问题一般指由于操作不当、部件消耗等故障引起的问题。试飞期间可通过故障排除关闭问题,针对不能及时排除的故障必须制订可行的解决计划,并得到局方认可。例如,ARJ21‐700 飞机功能可靠性试飞期间发现一些故障,包括"BRAKES MAINT REQUIRED"(制动器维修要求)、驾驶舱后顶部出风口积霜严重、"FD2 FAIL"、water fault 灯亮、CDU 按钮卡阻、CDU 出现左右和左外侧机轮扎伤等,试飞期间已通过拆卸调整、更换、观察等工作,将故障排除;另外,发现地面APU 掉电、襟翼手柄导光板灯光不亮,均不影响 TC 构型更改,可通过更换故障件排故,由于受供应商产品到位时间影响,当时无法更换,计划安排在 TC 前解决。

2) 解释类问题

试飞期间出现比较多的问题是需要向飞行机组、随机飞行人员(含审查方代表)解释的问题。这就需要申请人组织有效、快速的技术支持团队,在每次飞行前后向局方及飞行机组及时进行解释,说明其设计合理性和适航符合性。

3) 缺陷类问题

专项试飞期间发现的缺陷类型问题一般并不多,多是内饰的安装、表面破损、掉漆等问题,这些问题需要申请人制订有效的更换计划或进行缺陷性说明。

4) 设计优化类问题

专项试飞期间发现的需进行设计优化的问题是需要申请人慎重对待的,通常经过前期各系统的审定试飞及其他符合性验证试验,此类问题在专项试飞期间发现的概率很低。但是,在新发展的航空企业,此类型问题有可能会出现,多是因为申请人没有重视前期验证期间机组或审查方提出的问题或意见造成的,以至于功能和可靠性试飞期间才进行构型更改,将会带来更多的成本。所以,要尽力避免此类问题出现。

12.8　审查程序与组织管理

功能和可靠性试飞检查项目多,历时周期长,且处于取证前期的关键时期,功能和可靠性试飞的审查程序和组织管理工作相当重要,也是需要研究的一个领域。

12.8.1　审查程序

为完成型号取证程序,功能和可靠性专项试飞的试飞机应当是生产构型或相当构型的飞机,同时另一架飞机(或几架飞机)用于常规的试验。这样的话,至少在一架飞机上的试验时间是足够的,可以实现完成功能可靠性试飞的目的。

此外,用于模拟服役运营的飞机构型应该是能够代表型号设计构型的飞机,它满足 21.33 和 21.35(a)适用要求的取证适航标准。在进行试验前,申请人应当向局方表明:符合适航规章中有关的结构要求;完成了必要的地面检查和试验;航空器符合型号设计;申请人进行了必要的飞行试验,并提交了试验报告。

因此,功能和可靠性专项试飞(审定试飞)前,通常情况下申请人需完成所有的地面试验和飞行试验,以表明飞机构型符合适航规章结构要求,且能代表取证构型。当然,对于经验不足的航空企业,新型号飞机在飞机构型及计划安排方面会存在一些延迟问题。在局方同意的情况下,申请人可适当提前进行功能和可靠性试飞,但必须保障试飞结果有效,否则局方将不认可试飞结果。

功能和可靠性试飞过程中,新型飞机项目的首席局方试飞员将作为协调者和参与所有飞行。在此期间,其他局方人员不直接参与功能可靠性试飞的飞行,除非试飞员授权。制造商的飞行员必须指挥所有飞行,但为了确定符合 21.35(b)(2),局方试飞员可以操纵飞机。

另外,当局方认为有必要时,局方其他人员(如其他部门代表或专家)将参与试飞。

12.8.2　组织管理

按照局方要求,功能和可靠性试飞应按照航空公司运营模式进行组织,以验证飞机的运行支持体系是否符合航空公司要求,为交付航空公司并顺利开展运营奠定基础。在功能和可靠性专项试飞阶段,参照航空公司模式建立组织机构,局方对此工作进行监督。

专项试飞兼顾预期航线使用的各种环境条件,若因季节或机场限制未遇到特定的环境条件(如高温高湿、高寒、高原、大侧风、降雨降雪等),则将不刻意等待安排相关气象条件下的试飞,可使用前期型号合格审定试飞数据资料表明符合性。

专项试飞涉及多个机场,历时时间较长。如 ARJ21 - 700 飞机进行专项试飞时间近一个月,在进行此项工作时可根据试飞航线、任务的特点区分为几个阶段进行。每个阶段期间集中安排其中几个机场的试飞,以节约人力资源和试飞成本。此外,试飞计划后期按照一定比例预留一定的备份计划,若试飞期间某一天因故障或其他原因取消,则计划不顺延,可在后期进行补充试飞,便于整体航线的申请。

12.9　符合性文件

功能和可靠性试飞整个过程中,需要编制和审批符合性文件如下:

(1) 审定计划。

(2) 试飞要求。

(3) 试飞大纲。

(4) 实施方案(必要时,作为说明文件,不需要局方审批)。

(5) 构型评估报告或构型文件说明。

(6) 试飞任务单以及必要的记录说明、音像资料等。

(7) 试飞报告。

(8) 试飞分析报告。

12.9.1　试飞大纲

功能可靠性试飞涵盖了飞机在服役中可能存在的众多操作。典型的功能可靠性大纲详细说明了每个任务应完成的动作和次数(如起飞、着陆、仪表进近、高原操作、热/冷/湿空气下的操作、雨中飞行及夜航等),在此强调的是 AEG 的试飞内容可以结合功能和可靠性试飞进行,但不写入功能和可靠性试飞大纲。

局方审查代表应在型号合格审定试飞前的 TCB 会议上,对申请人提交的功能和可靠性试飞大纲提出指导意见。在临近型号取证试飞结束时,局方审查代表将再次与制造商一起回顾在合格审定试验中获得的经验,审查设计上所做的更改,考虑所有其他的补充经验。申请人据此相应地修改之前已提交的功能可靠性验证试飞大纲,并提交局方代表批准。当然,在实施中,取证与功能和可靠性试飞是相互交错的,不可能有一个显而易见的分界。

按照 AC25 - 7C,试飞大纲的编制和实施需要考虑以下几方面。

1) 做好准备工作

完成试飞大纲编制和批准,使其能够有效实施而满足适航条款要求。对于合格审定试飞,试飞大纲关注的是试验目的而不要求很详细的维护要求。考虑到与

功能可靠性试飞相关的设计特点及设备(装置),需包含以下内容:

(1) 检查的部件和系统。

(2) 简要的检查操作说明。

(3) 专用的检查或临界条件,如对于起落架,应规定必要的起落次数。

(4) 飞行时间估计。

2) 考虑因素

(1) 运营环境。

所制订的试飞方案既要考虑 25 部中所要求的功能试验,也要考虑对于新的特性及设备的鉴定试验,并确保足以完成这些试验。如果认为环境是临界条件的话,则应确定所要模拟的运营环境(如确定实际的环境条件时,诸如温度变化等也要包括在模拟的试验中)是准确的以及系统的安装和交联是满意的。虽然要求如此,但这并不意味着试飞必须在服役中可能遇到的最严重的大气温度条件下进行。通常可以用外推的或是适合的修正因子来确定极端外部温度对当地温度的影响。

(2) 运营方式。

飞机的所有部件应在服役中预期的及在试验所能获得的时间和地理限制范围内的所有使用条件下,有计划、集中地运营。这里,集中运营表示的是在各种飞行阶段和服役中可能发生的任何结合下使各部件重复操作。特别要注意潜在的机组过失来源,过度的机组负荷和协同,任何部件故障时所需的操作程序。试验还应评估在最低设备清单(MEL)中对已申明/模拟的不工作项目下的操作。这种集中性的试验应在所有情况下实施,不过每次持续的时间长短取决于特定型号可用的补充经验。

(3) 构型差异。

试飞过程中,在发生设计更改或局方试飞的试飞机与获得补充经验的试飞机不是同一架试飞机时,可能会延长整个试飞时间。由于构型差异,会存在局方对试飞时间不认可的风险,通常需要进行补充试飞。一般情况下,局方可接受以下试验代替补充试飞:在对失效的部件进行加强和更改后所进行的专项试验或测试方法已证实可以代表实际飞行条件的情况下,有些部件的地面鉴定试验可以替代补充试飞。

3) 地面检查

在整个试验计划中,应安排合适的周期进行地面检查,以确定是否存在危及飞行安全的任一部件的失效或失效征兆。在功能可靠性大纲中应使用正常的维护程序,并准备好文件以备检查。

12.9.2　记录要求

在所有功能可靠性试飞中应保持记录。对所有的检查应保留准确和完整的记录。这些检查包括所有的不足(试飞中发现的设计不足)、难点(试飞困难点)、与众不同的特性(飞机特性)、试飞期间发现的机组过失来源、采用的建议及采取的措施。需要强调的是这些可能需要的设计更改项目都应向局方说明。

功能可靠性合格审定试飞结束后,参与试验的试飞员、工程专家和制造检查员应准备一份总结报告,并将其作为型号检查报告的一部分。

功能与可靠性试飞时飞机不安装任何测试与改装设备。因此,功能与可靠性试飞的相关数据应人工进行记录。要记录如下数据:

(1) 飞行科目。

(2) 飞行时间。

(3) 飞行剖面。

(4) 飞行路线。

(5) 机组成员。

(6) 载荷:起飞重量,重心,登机人数,载油量。

(7) 气象条件:地面,空中。

(8) 系统操作及系统故障。

12.10　需要关注的问题

在后续或其他型号功能和可靠性试飞应重点关注以下几点:

(1) 功能和可靠性试飞要求飞机构型为批生产构型,在满足功能和可靠性试飞结果有效的情况,需制订切实可行的构型偏离控制办法。

(2) 功能和可靠性试飞内容的制订。应以达到在规定的最少飞行时间内完成规定的试飞内容为目标,既要满足适航要求,又要尽可能地加快试飞进度和降低成本。

(3) 功能和可靠性试飞时间的制订。试飞时间是功能和可靠性相关条款要求内容,是判断功能和可靠性试飞是否满足适航规章要求的关键指标,试飞时间满足要求的前提是飞机系统或设备功能正常。

(4) 功能和可靠性试飞机场选择和航线规划。合理的航线规划既能充分验证不同机场、航线、环境下飞机各系统的功能和可靠性,还能规划人力资源,节约成本。

参考文献

[1]　CAAC.民用航空产品和零部件合格审定规则(CCAR - 21 - R3)[S]. 2007.

[2]　FAA. Flight Test Guide for Certification of Transport Category Airplanes (AC - 25 - 7C) [S]. 2012.

13 试飞期间航线飞行员参与的问题

13.1 航线飞行员参与试飞的目的和作用

民用运输类飞机研制的最终目标是将其投放到航线运行中。因此,虽然在试飞期间,绝大多数时间都是由试飞员作为使用者来检验飞机的设计指标和运行适应性,但是,与最初几年的试飞相比,在投入航线后的几十年中,使用频率最高、时间最长的还是航线飞行员。

试飞期间,试飞员作为最为重要的人力资源在飞机操纵、安全识别等方面具有不可替代的作用,试飞员对型号设计的技术指标验证方面具有极高的洞察力。与此相应的是,由于试飞员工作具有风险高、目的性强等特点,在执行相关试飞任务时更多的是关注飞机及系统的响应,对舒适性等其他方面的关注度相对较低。

13.2 需要航线飞行员参与的内容

对于整个型号而言,安全性、人机环境、驾驶舱的舒适度、手册都是影响飞机使用的重要因素。航线飞行员,特别是资历丰富的航线飞行员对飞机的使用具有丰富的经验,而且多个机型的飞行经历使他们更具有对产品的比较能力,可以在型号试飞阶段甚至在设计阶段从使用者的角度出发提出意见,使飞机更易于使用[1]。另一方面,相对于航线运行阶段,试飞阶段的设计改进成本显然更低。因此,试飞期间应及早将航线飞行员纳入试飞体系中,以避免由于投入航线后暴露出不适应问题而带来的重大更改。

根据 ARJ21-700 飞机的试飞和航线运行经验,需要航线飞行员参与的主要包括 4 个方面:

(1) 人机工效。比如驾驶舱的舒适性、设施的操作性、告警信息表达的一致性、控制律调参等。

(2) 手册修订。编制适用于型号的机组操作程序,并对其合理性、易用性进行评估和完善等。

(3) 试飞任务。如最小飞行机组、功能可靠性试飞。

(4) 飞行员训练型别等级测试。

13.3 航线飞行员参与试飞的阶段和方法

航线飞行员参与试飞工作并不要求是全天候的,但是应覆盖试飞的全部阶段。因此,应建立相对稳定的航线飞行员支持团队。制造商应制订航线飞行员参与型号试飞的具体计划,避免临时找人,缺乏延续性和系统性。

1) 人机工效类

在试飞阶段,航线飞行员应分别对各系统的人机工效进行评价,主要包括如下方面:驾驶舱设施及各控制按钮的操作性和可达性、座椅的舒适性、驾驶舱视野、照明情况、空调口的风量风速及风向、输入界面的操作性、信息显示明确性等。

在综合评价意见提出改进方案时,应请相关参试的航线飞行员参与评审和确认。在机上实施改进方案后,应重新请航线飞行员再次进行操作评价。

2) 手册修订类

手册中程序的内容根据型号设计编写,专业性较强,因此航线飞行员参与手册修订前应进行相应的型号培训。在进行手册程序评估时,航线飞行员还不具备登机飞行资格。因此,手册验证应该以模拟器操作为程序验证和修订主要方式。在确定书册评估的航线飞行员名单时,尽量选择与型号相近型号的航线飞行员。

3) 试飞任务

部分试飞任务需要多个飞行机组进行检查以获取更加全面的试验结果。如最小飞行机组工作量评估时,需要评估正常水平的机组在进行航线飞行时最小机组的工作强度。ARJ21 - 700 飞机最小机组为 2 人,根据适航要求需要最少 11 个机组验证工作量,且机组中必须包含一部分的航线飞行员。为此,在进行最小飞行机组工作量前协调首家用户成都航空的飞行员,并对这些飞行员进行完整的理论、模拟器和飞行培训,使其具备了相应的飞行资质。

4) 飞行员训练型别等级测试

飞行员型别训练等级测试在 ARJ21 型号里称为 T5 测试,这是因为 ARJ21 - 700 飞机是全新机型,飞行员转机型等级是 T5。T5 测试是 AEG 针对全新机型的一项测试,分地面理论训练、飞行模拟训练测试和本场飞行测试 3 个阶段,主要是通过对飞行员的训练,确定新飞机的型别等级和训练规范,是对飞机是否符合航线运行要求的一次全面验证。需要申请人、首发用户以及局方飞行员的参与,这些飞行员在完成 T5 测试任务之后就可以获得驾驶该型飞机的资质,是飞机进入航线运行之前的重要环节。ARJ21 - 700 飞机在试飞取证阶段对飞机的运行适应性考虑不周,在 T5 测试阶段遇到了很大的困难,很多在前期认为不影响试飞取证和飞行安全的问题在 T5 测试阶段成了拦路虎,对飞机早日投入商业运行产生了很大的影响。

13.4　小结

经验丰富的航线飞行员在型号研制和试飞中,可以及时发现设计瑕疵和程序中不合理之处,并且可以完成部分试飞任务,具有不可或缺的作用。航线飞行员参与型号试飞,需要考虑其正常航班档期,及早统筹协调以确保型号试飞任务顺利完成。

ARJ21‐700飞机在交付成都航空初期,发现了一些不完全满足运行和客户要求的问题,例如舱门开启力较大、机组内化无紧急呼叫功能、舱内噪声较大等,对飞机的载客运行产生了一定的影响,这也从侧面证明了航线飞行员更早参与型号试飞的重要性。

参考文献

[1]　周自全.飞行试验工程[M].北京:航空工业出版社,2010.

14 试飞故障及飞行员评述

14.1 试飞故障

试飞故障是指飞机在飞行试验期间（包括飞行和地面机上工作）发生的故障[1]。

在试飞初期，故障出现的概率相对较大，并且随着试飞强度的增加会在某个阶段达到峰值；随着设计的不断完善和构型的基本冻结，尤其是在审定试飞阶段，故障的出现频率会不断降低。

试飞故障能否及时归零直接影响试飞的进度，有些故障还会影响相应科目的试飞结果，甚至飞行安全。因此，快速有效的故障处理，是保障试飞安全、顺利开展的重要前提。应当对试飞故障进行系统的控制和管理，明确责任主体和分工，对故障进行分类和确认，建立专门的处理流程来规范故障的确认、排除及关闭过程，针对不同性质的故障分别实行相应的应对措施。同时还要对故障的排除过程进行详细记录，并对故障的质量归零状态进行持续监控。

14.1.1 故障的分类和确认

故障的分类和确认是故障处理的第一步，确认故障属于某一类别后，按照相关的程序进行针对性的处理，这样有助于提高排故效率。

14.1.1.1 故障的分类

通常的故障可以分为以下几类：

（1）飞机本体设计构型内的故障。包括飞机机体结构故障、系统故障以及线路故障等，诸如蒙皮、襟/缝翼、舱门、铰链等结构部位以及动力装置、航电、飞控、液压、起落架等系统发生的故障；线路故障则有磨损、短路等；系统故障则又包括硬件设备故障和机载软件故障。飞机本体故障区别于测试、改装系统的故障。

（2）测试、改装系统故障。如测试信号传输异常、测试机柜故障等。

（3）共性故障和个性故障。有些故障在多架试飞机上均出现，属于共性故障，如飞控不派遣问题曾在 ARJ21 - 700 飞机 4 架试飞机上均出现过。另外，由于每架试飞机各自承担的试飞任务不同，飞机的构型也有差异，因此有些故障仅在个别试飞机上出现，属于个性故障。

（4）重复故障和偶发故障。有些故障在试飞期间多次或者短时间内集中出现，属于重复故障，此类故障处理时可参照前期处理方法，但应尽快定位故障原因，彻底解决故障，避免再次出现；有些故障则属于偶发故障。如落地后飞机前轮转弯未自动接通的故障，曾在ARJ21－700飞机101架、103架和104架机上多次出现，均属于SCU软件设计缺陷导致，故障在升级SCU软件后得到了解决。

但上述故障分类方式相对简单，只是对故障本身性质或按其属性进行分类，基于此制订的相关程序可用于指导故障的处理，但对于排故效率和排故质量的提升作用可能是有限的。

在ARJ21－700飞机试飞前期，制订了故障处理程序来明确和规范故障处理的责任主体以及基本的工作流程和要求，但并没有对故障进行严格细致的分类并针对性地给出相应的处理措施。随着后续局方审定试飞全面展开，试飞强度不断加大，排故效率相对试飞进度已出现滞后。而对于局方审定试飞，还需要评估试飞故障是否影响试飞科目执行以及试飞结果的有效性。但是在较长一段时间内，关于故障如何合理分类以及如何提升排故效率，还是缺乏正式的程序来进行规范和指导。

在ARJ21－700飞机试飞后期，为保证试飞科目的执行，提高效率，关于试飞故障的一些问题不断被提及：该故障是否影响飞行安全？如果不影响飞行安全，那么是否影响试飞科目的执行？如果是，那应当在最短的时间内定位原因解决故障。如果都不影响，那么是否可以先放飞，待航后再排故？

如2013年5月9日，101架机执行最小离地速度试飞，机务在进行例行检查时发现航电公共处理模块（CCM）报故，当时CAAC和FAA均在现场进行首次目击试验，如故障不能及时解决则必然导致计划撤销。由于时间有限，无法按照既有流程来进行备件更换以及功能试验。总师系统根据飞机的状态和历史故障情况综合判断，认为该故障不影响最小离地速度试飞，可以放行，待航后再对故障分析定位并进行更换处理。

随着ARJ21－700飞机试飞的不断推进，通过统计和分析前期故障的特点，针对故障对不同试飞任务的影响和对飞行安全的影响程度，以及故障的管理和跟踪需要，逐步形成了试飞故障按照科目性质和故障的影响的混合分类方法，并一直沿用到取证试飞结束。按这种方法试飞故障可分为4类：

（1）发生在审定试飞期间的故障。在执行审定试飞科目时发生的故障，不包括在此期间执行研发试飞或进行其他地面试验、检查或维护时出现的故障。

（2）影响飞行安全的故障。例如"襟/缝翼卡阻"会导致飞机高升力系统无法正常工作，如不解决则飞机不能放飞。某些特殊故障试飞科目要求的故障构型不在此考虑范围内。

（3）影响试飞任务执行的故障。故障不排除虽然不影响飞行安全，但却影响试飞任务的执行或影响正在执行的科目试飞结果的有效性。如"压调系统安全活门失效在开位",虽然不影响放飞,但是直接影响压调系统审定试飞科目的执行和结果有效性,只有排除该故障才能执行相关科目试飞。

(4) 上述 3 种故障以外的其他故障。

这种分类明确了故障的性质和处理需求的轻重缓急。故障出现后,首先对故障类别进行定位,针对不同类型故障采取相应的处置程序,包括一般处置程序、特殊处置程序以及未关闭故障处置程序。有的放矢,依序进行,可以有效地提高故障的处理效率,更好地支持试飞任务的执行。

14.1.1.2 故障的确认

试飞故障往往发生在航前和航后的例行检查过程中、飞行过程中以及机上工作(包括软件升级、功能试验)时等。在接收到故障信息后,需要对故障的现象和特征进行确认,然后对故障类别进行判定。如果不能直接判定故障类别,则可以通过测试数据或机上检查以及试验的方法进一步获得更多的信息来支持类别的判定。

机体结构故障一般表现为损伤、裂纹和变形等。系统故障一般表现为系统功能的部分或完全丧失,并且会在 EICAS 页面上出现相关的告警信息。对于机体结构的损伤、裂纹或是变形,需要对损伤部位进行测量检查以评估严重程度。对于告警信息,需要辨别其是否为虚假告警或是正常的设计逻辑。在 ARJ21-700 飞机研发试飞阶段,由于系统构型未冻结,系统的功能和性能不是很成熟,出现虚假告警信息的情况比较多,但实际并不影响系统的正常工作。另外,由于机型培训存在着不能全面覆盖的问题,并且许多机载系统属于供应商提供的成品件,对其内部逻辑了解有限,因此机务人员和飞行员对于新机型各系统的工作原理和设计逻辑无法做到非常清楚和全面覆盖,个别时候可能会将正常设计逻辑引发的告警信息认为是故障状态。这种情况在试飞前期可能会比较容易出现,随着试飞的深入会逐渐减少。

ARJ21-700 飞机的试飞故障问题通常由机务保障人员或者飞行员提出,并以《试飞现场问题处理单》的形式交至设计人员。设计人员在接收到故障信息后,如果无法直接确认故障现象,则可从以下几个途径进一步收集信息:

(1) 从相关人员的复述中了解故障的现象。

(2) 查看分析飞行试验和机上地面试验记录的测试数据。

(3) 机上检查和复现。可以通过目视检查、查看 CMS 信息、查看 EICAS 信息等进行判断,必要时通过机上实际操作进行复现。

(4) 试验室试验和复现。如航电、飞控等系统软件升级过程中出现的故障,往往需要在铁鸟试验台上进行复现。

故障确认后,对故障的类别进行判定,并组织实施排故,可按需成立排故小组。

14.1.2 故障的排除

在故障得到确认和分类后,按照既定程序组织实施排故。一般的排故步骤如下。

14.1.2.1　分析机理

根据确认的现象,依据技术规范、设计原理等技术资料分析故障产生的机理,必要时可利用专家咨询和与供应商共同研究的方式进行,对于需要经过试验才能得出结论的故障可采取多种试验形式:试验室试验、机上试验、委托试验和供应商试验等。

14.1.2.2　查找原因

根据故障现象和机理,结合故障产生的时间、环境和频率等因素确定故障产生的原因。成品故障原因的查找依据故障隔离手册,并与供应商共同讨论、分析和研究。对于分析研究不能确定原因的故障应安排试验室试验(如铁鸟试验)或机上地面试验直至飞行试验,试验前需要准备试验方案或试验大纲。

14.1.2.3　制订措施

排故的措施一般分为两类:一类是临时措施;另一类是最终措施。在最终措施短时间内无法确定或实施的情况下,为保证飞行安全、科目的有效性、尽快恢复飞行或防止故障进一步扩大,应及时采取临时措施。临时措施一般不能将故障彻底排除,或虽能彻底排除但却不符合最终的设计构型。最终措施必须是能够在彻底排除故障的同时产生的更改符合飞机的最终设计构型。需要供应商采取措施的,在措施的制订过程中应持续与其保持沟通,措施确定前需得到双方的共同认可。

例如 ARJ21‑700 飞机空调系统低压管路冷凝水渗漏故障。由于客舱主管路与混合腔存在成品件质量问题以及支架安装问题,导致客舱主管路渗水,该问题最终解决措施只能通过更换管路实现。在备件到位之前可先采用临时措施:管路连接处先用泡沫 ZPM8204 堵塞,再用胶带 ZMS2501 进行粘接,同时在连接处下方的地板上铺设吸水的棉织物。该故障主要为设计缺陷导致,虽然经过临时措施处理后不影响飞行安全,但是带来了额外的维护需求。

由于临时措施可能与飞机的设计构型不一致,因此需要评估可能带来的飞行限制、补充操作程序和手册更改。

具体的排故措施一般有:现场修复、返厂修复、串件、换新、软件升级、硬件改进等。

(1)现场修复一般多适用于结构类裂纹和损伤以及机上线路问题。

(2)返厂修复一般针对现场不具备修复条件的或需要返回供应商才能修复的故障。

(3)串件通常用于个体故障,且故障飞机的飞行任务比被串件的飞机更为紧急或重要,抑或被串走的零件或成品不是被串件飞机的必须构型。

(4)对于现场无法修复的故障应首选换新的排故措施,在没有备件资源的情况下才应采取串件。

（5）当故障原因定位为软件或硬件设计缺陷时，只能采取软件升级或硬件改进的措施排除故障，这种措施通常需要较长的周期。

在 ARJ21-700 飞机试飞过程中，故障定位后如短时间内不能排除，则往往会采用先将故障件换新的方法，先保证飞行，而后再对故障件进行彻底排故。在试飞前期，航电、飞控等主要机载软件的升级过程中故障出现概率较高，故障复杂，这类故障往往需要换新、串件、重新加载软件或者退回旧版本等多种措施来进行排除。

14.1.2.4　机上贯彻和验证

措施制订后应根据故障的类别和影响在相关的飞机上贯彻实施，无论是临时措施或最终措施的贯彻实施都必须纳入飞机构型控制。

措施在机上贯彻后应进行适当的验证，必要时应在贯彻之前安排试验室验证或贯彻后安排飞行试验验证，以确认故障已经按预期的目标排除，同时应验证措施的贯彻是否产生了不可预期的其他问题。

ARJ21-700 飞机试飞过程中，一般性的故障排除后，进行简单的机上功能试验即可；对于动力装置或辅助动力装置等系统的故障，往往需要试车；对于涉及航电、飞控等重要的软件升级或硬件更改，需要先在航电试验室和铁鸟台上进行预先试验，确保无问题后方可在机上贯彻，贯彻后不仅要严格按照试验程序完成地面功能试验，还需要安排飞行试验来验证。

根据 ARJ21-700 飞机的历史情况统计，几乎每个大版本的软件在试飞机上加载后都会存在各种问题。造成这种情况的原因有供应商本身的问题，也有主制造商自身地面试验室仿真程度不高的原因，与真实飞机工作环境相差较大，一些软件的问题在试验室测试时无法全部暴露。

14.1.2.5　排故总结

故障排除后，需要对排故过程进行总结，形成文字记录，作为故障关闭的依据性文件，也可用于后续同类故障处理的参考。

ARJ21-700 飞机试飞过程中，对于审定试飞期间发生的故障和影响飞行安全的故障以及影响试飞任务执行的故障，要求编制《故障分析报告》，并按需提交局方审查。对于一般性的机体结构故障和供应商成品件故障，按需完成检查报告。

14.1.3　故障的关闭

故障排除后，应当依据相关程序对故障进行关闭；对于开口故障，必须进行评估，并对其技术状态和进展进行跟踪和管理。

ARJ21-700 飞机试飞期间，当《试飞现场问题处理单》中所提到的故障问题得到最终解决并完成签审流程后方可认为故障关闭，如果故障由飞行员提出，则需要得到飞行员的认可。对于局方审定试飞期间发生的故障和影响试飞安全的故障，需要将故障分析报告提交局方进行审查，得到审查组批准后方可关闭。

对于处于开口的故障(包括原因未定位、纠正措施未贯彻或采取临时措施的故障),如果评估结论为可继续飞行,则需要编写评估报告;未能完全排除或实施措施后构型仍不能恢复到设计构型的故障,还需要针对飞行安全和试飞科目的影响进行工程评估,并提交审查组批准。

此外,还要对故障的技术状态进行跟踪和管理:

(1) 对需提出使用限制和补充操作程序的故障,应更新飞机使用限制条件和补充操作程序,并获得局方批准;例如,104 架机在执行导航系统风切变研发试飞过程中,飞行员发现 TAWS 系统故障,该故障是由于地面滑行中打开了大气数据探头加热,使得地面状态大气静温(SAT)过高导致。在问题彻底解决前,增加了相关的限制条件。对于落地后飞机前轮转弯未自动接通的故障,给出了补充操作程序,即在着陆接地前按压转弯手轮一次,以保证飞机着陆后转弯系统自动激活。

(2) 对需提出长期检查、维护或维修要求的故障,应更新试飞用维修要求,并提交审查组认可。

(3) 对于长期无法解决的故障(如一个月内),可成立攻关小组,转入技术攻关,制订专项攻关计划。

在进行外场试飞(如特殊气象科目)时,故障的处理和关闭按照已有的流程进行,也需根据外场试飞的实际情况进行针对性处理。对已有故障进行排查,提前做好故障预判和风险评估,并制订相应的应急措施,尽可能减少故障带来的潜在影响。

ARJ21-700 飞机 103 架机 2013 年 12 月底赴海拉尔进行高寒试验,转场后不久就发生 APU 无法启动的故障。地面启动 APU 转速在 38% 左右就开始下降,CAS 报"APU FAIL"黄色告警信息,CMS 报"APU DECELERATION"。进行故障排查无法立即解决,为了抓住天气时机不影响试飞进度,最终决定返回本场更换APU,并在更换前限制使用 APU(应急情况可尝试启动),经过评估不影响转场安全。虽然最终 103 架机顺利完成了高寒试验,但该故障的处理过程也为后续外场试飞提供了经验。实际在转场前,103 架机在本场也发生过 APU 无法启动的问题,但当时考虑转场进度压力,并未进行孔探检查,以至于飞机带着故障转场,险些影响高寒试验的顺利完成。

14.2　飞行员评述

飞行员评述是指飞行员在试飞任务结束后,对本次任务完成情况的综合评定。通常包括:本次任务试验点的完成情况和存在的问题及建议(包括飞机各系统工作情况、试飞方法以及试验点选择的合理性以及其他飞行员关注的问题等)。飞行员评述是判断试飞结果有效性的重要依据,属于符合性数据的一部分。

针对飞行员评述中提到的问题和建议,应当建立应对机制,制订相关工作流程,及时予以答复和落实,在得到飞行员或审查组的认可后方可关闭。对于开口项,应制订关闭计划,进行跟踪和管理。

ARJ21‑700 飞机试飞期间,飞行员在每架次飞行结束后填写《试飞任务单》中的"飞行员评述",在局方审定试飞初期,飞行员评述问题和建议一般通过局方工作协调单的形式传递。在进入 TIA 前,由于缺乏具体详细的程序规定,飞行员评述问题的管理模式相对简单。进入 TIA 后,尤其是审定试飞开展后,飞行员评述问题的管理逐渐规范,制订并完善了专门的程序,对相关工作进行细致的要求和管理。

14.2.1 局方飞行员评述问题的答复和关闭

在接收到局方飞行员评述问题后,首先判断其类型,一般包括 4 类:涉及条款安全、设计改进、机体结构或系统故障以及其他类。

由设计人员对评述问题进行分析。对于涉及条款安全的问题,如果符合设计逻辑,则对比设计标准和适航标准,并将试飞数据分析结果与标准值进行对比,给出图表曲线和相关分析报告。如果属于机体结构/系统故障或是设计改进建议等,则详细分析问题出现的原因,并明确后续改进措施、解决方案和实施计划。如有必要,则给出该问题的相关限制和约束条件,直至问题关闭。对于飞行员评述问题中属于试飞故障并且已通过《试飞现场问题处理单》处理的,可引用其处理结论。

在 ARJ21‑700 飞机审定试飞初期,局方飞行员在评述中提出驾驶舱噪声偏大的问题,该评述问题属于设计改进类。针对此现象,设计人员在地面和飞行状态下的多种工况下进行了测量,并制订了临时措施和详细的工作计划来优化驾驶舱的噪声水平。经过一段时间的努力,驾驶舱噪声水平得到了飞行员的认可。

评述问题的答复以《局方飞行员评述问题答复单》为准,答复完成后提交相关局方飞行员,并需获得其认可。涉及条款符合性的还需要获得主管审查代表认可,最终以适航会议纪要形式关闭。如果局方飞行员或审查代表提出异议,认为暂时不能关闭的,应对答复内容进行完善和继续落实。对于长期开口项,制订关闭计划,定期检查和跟踪。

14.2.2 申请人飞行员评述问题的答复和关闭

申请人飞行员除了填写《试飞任务单》中的"飞行员评述",往往也会在航前的任务下达和航后的任务总结会上进行口头评述,提出一些问题和建议。试飞员的书面评述和口头评述都需要进行答复。答复流程与局方飞行员评述问题答复基本一致。在关闭形式上,需要将《申请人飞行员评述问题答复单》提交相关飞行员,获得其认可后方可关闭。

试飞故障处理和飞行员评述问题答复作为 ARJ21‑700 飞机试飞期间的重要工作,贯穿于整个试飞过程。在试飞初期,由于缺乏有效的管理机制和程序,曾暴露出一些问题。随着试飞的推进,尤其是进入局方审定试飞阶段,团队对于故障和评述问题的认识也更加到位和专业,相关的处理程序和机制也得到不断完善,这使得整项工作更加有序和高效,有效地保证了 ARJ21 – 700 飞机试飞的安全和顺利进行。

参考文献

[1]　刘程.民用飞机试飞故障处置方法[J].科技创新导报,2017(9):16 – 17.

15 试飞信息管理

15.1 试飞信息管理的重要性

信息管理,顾名思义,就是人对信息资源和信息活动的管理。试飞信息管理是试飞技术管理工作的重要组成部分,通过建立试飞现场会议系统和信息传递机制,使各项指令、计划信息能上传下达,相互协调,统筹执行。

信息一般经由两种方式从信息产生者向信息利用者传递。一种是在信息系统的控制下流向信息利用者,称为"正规信息流",另一种是由信息产生者直接流向信息利用者,称为"非正规信息流"[1]。信息管理贯穿于整个管理过程之中,有其自身的管理,同时支持其他管理活动。两种形式的信息传递都十分重要。

(1)"正规信息流"。试飞工作组织和实施涉及多家单位,工作流程较长,各个单位工作交织在一起,接口关系复杂,导致信息来源较多,层级和重要性也不一致。ARJ21-700飞机试飞中,通过建立规范的信息管理流程,保证信息传递的快速及时、减少失真,为决策层了解科研进展、发现风险源及时决策提供支持。在ARJ21-700飞机的"正规信息流"中,主要通过早晚例会、调度会、科目专题会、改装专题会等会议,以各类纪要、计划、公文、简报和报表等形式,快速地将信息进行有效的传递,使试飞团队内部和外部协作单位能够按既定的计划开展工作。

(2)"非正规信息流"。在流程管理中,输入方与输出方如能保持较好的信息沟通,则可以使得流程更加紧凑,提高信息流动效率。如设计单位在编制试飞要求的阶段时能与试飞单位和局方就试飞方法和判据等相关要求提前进行充分沟通,则试飞要求确定后,试飞单位的试飞大纲就能很快确定,甚至同步准备。对于涉及多家单位共同完成的工作,保持有效的信息沟通可以使得协调更为紧密,增强信任,避免因为信息传递失真导致的错误。如局方审定试飞的前提是申请人试飞结果得到局方的认可,这项工作涉及设计单位、试飞单位和局方,在进行申请人试飞时,三方就要保持紧密的沟通和协调,及时交流和通报试飞情况和数据处理情况,试飞完成后,试飞结果的认可就会加快。

限于篇幅,本章所述的信息管理仅指"正规信息流"的管理。由于在试飞过程中会产生海量信息,各个公司的信息管控范围、方式和方法等因企业管理方式、企业文化等原因差别较大,本章仅介绍ARJ21-700飞机试飞实践中的信息管理。

15.2　信息管理的范围

ARJ21-700 飞机试飞信息管理的内容主要包括两个方面,一是试飞现场的各类会议;二是项目指挥部、现场指挥部、西安外场试验队发出的公文以及其他项目管理类信息。

1) 各类会议

ARJ21-700 飞机试飞过程中,试飞现场常用的会议类型及目的如表 15-1 所示。

表 15-1　试飞现场常用的会议类型及目的

序　号	会　　议	会议内容/目的
1	试飞科目技术协调会	试飞方法、条件、判据、改装、架次协调
2	试飞计划专题协调会	试飞计划协调确定
3	现场每日早/晚例会	近期现场重要工作布置、检查
4	各类任务完成情况检查专题会	各类任务进展情况检查、推动
5	其他	临时会议

2) 项目管理类信息

在 ARJ21-700 飞机试飞工作中,使用了项目指挥部公文、现场指挥部公文、试验队公文以及其他形式的项目管理类信息手段。各类信息报送的信息来源、责任主体、审核方式、发送范围、发送途径及发送时间限制等要求明确;信息报送准确、客观、唯一;传输渠道畅通。

(1) 项目指挥部公文。

计划——适用于代现场指挥部发出的 3 个月滚动试飞计划。

纪要——适用于项目总指挥、副总指挥在现场召开的重要会议的纪要。

(2) 现场指挥部公文。

决定——适用于对试验试飞工作的决策和部署。

通知——适用于现场指挥部发布的要求试验队、中国商飞公司总部有关部门、三大中心(研发中心、制造中心、试飞中心)、试飞院、强度所执行的工作。

纪要——适用于现场召开的会议。

计划——适用于现场指挥部发出的重要的专项计划、月度试飞计划。

(3) 试验队公文。

请示——适用于向公司领导或指挥部领导请示。

报告——适用于向公司领导或指挥部领导汇报工作,反映情况,答复询问。

决定——适用于外场试验队做出的有关现场工作、试验队建设与管理的决定。

通知——适用于发布、传达需外场试验队各单位执行、周知的事项。

函——适用于向公司有关部门、各中心或其他协作单位商洽工作,询问和答复问题,请求批准和答复审批事项。

纪要——适用于试验队会议。

简报——适用于对试验试飞工作特定状态、阶段的进展情况简要通报。

(4) 其他项目管理类信息。

a. 任务和工作安排信息。

试飞工作任务单——用于向其他单位布置计划之外的需其他单位完成的试飞工作任务。

试飞现场周工作安排——用于外场试验队对试飞现场一周的飞行和地面工作安排。

每日工作单——用于外场试验队对试飞现场一天的飞行和地面工作安排。

b. 数据状态类信息。

ARJ21-700飞机试飞过程中的各类数据,包括飞行架次和小时数、试飞科目完成状态、试验点完成情况、试飞科目准备状态。

c. 进展和问题信息。

项目质量问题信息报送表——用于项目质量问题信息情况汇总和报送。

现场每日简讯——用于试飞现场每天飞行和地面工作通报。

架次有效性快速确认通报——用于每天申请人表明符合性试飞和局方审定试飞试验点快速确认通报。

15.3 信息管理的要求

1) 收文管理

收文分为电子流程系统收文和纸质版收文,由指定管理部门归口管理(一般为项目管理部门)。

(1) 电子流程收文。

电子流程收文是现场接收的公司OA平台的电子流程接收的电子版公文,其处理流程按照公司要求统一执行,由专人负责文件流转情况的跟踪和流程关闭。

(2) 纸质版收文。

外场试验队接收到上级机关、协作单位或其他外单位的纸质版公文后,通过"文件阅办单"在试验队内部进行批转和传阅。

2) 发文管理

不同层级的信息文件应由对应层级的部门和人员编制、审批、发放、归档。报告、请示由相关中队完成拟稿,依次核稿、审核,按需到相关单位会签,呈报公司领导。

3) 信息流转管理

(1) 任务类信息管理。

试飞工作任务单由项目管理中队编制,经外场试验队审核批准后发出,接收单位需要根据试飞工作任务单要求的时间节点和交付物类型进行反馈。

每周末各单位提出下周工作需求,外场试验队综合协调后编制和签发试飞现场周工作安排;现场每日早/晚例会协调确定当天和次日工作,并编制和签发每日工作单。

现场各单位设立任务类信息的接口联络人,接口联络人员负责计划和任务类信息的接收、分发和反馈。

外场试验队对计划和任务类信息的完成情况进行跟踪管理。

(2) 进展和问题类信息管理。

项目现场的质量问题信息报送表、现场每日简讯、架次有效性快速确认通报、现场突发事件和质量问题等各类信息,均应按照信息重要性规划等级,分别报不同层级的领导确认后方可发出。

(3) 数据和状态类信息管理。

各架机飞行架次和小时数试飞院型号办每周提交外场试验队,外场试验队负责统计和数据统一发布。试飞科目准备状态、试飞科目完成状态等情况由外场试验队工程中队负责每月定期编报。项目管理中队负责根据试飞科目、试验点完成状态详细汇总发出完成情况统计表。试验队和各单位工作汇报,项目进展评估等需要使用以上数据以规定的数据源数据为准。

15.4　总结

ARJ21 - 700 飞机的试飞信息管理经历了由粗放到精细、由杂乱到有序的过程。实践证明,信息管理是否合理、顺畅决定了现场的管理水平。某种意义上而言,信息管理的流畅与否也说明了各单位之间工作接口关系是否清晰、管理层级是否明确。在后续民机试飞工作中,应从试飞一开始就重视信息管理工作,把信息管理工作纳入到试飞现场日常工作范畴,建立清晰、合理的信息沟通渠道。

参考文献

[1]　百度百科.信息管理[EB/OL].

16　试飞资源管理

16.1　概述

试飞资源既包含开展一般飞行所需要的通用资源,也存在由试飞的特殊性而产生的专用资源需求[1]。试飞通用资源和专用资源是试飞活动有效开展的必要条件。试飞资源管理的目的是保证飞行活动的安全有序开展,同时提高试飞工作的效率。试飞资源管理应在型号试飞规划明确后立即启动。

试飞通用资源所含元素与航空公司完全一致,即航油、备件、场务设施、跑道和场地等。上述资源虽然称为"通用"资源,但是由于其服务对象是试飞活动,因此对这些通用资源的需求也具有一定程度的特殊性,相应的人员也需要具备有别于一般飞行保障人员的专业技能。

试飞专用资源是由试飞活动的特殊性决定的,也与具体的试飞任务相关,包括试飞机组、设计保障、成品备件、测试、改装等。这些专用资源是试飞活动成功的决定要素,涉及的人员需要具备相应机型的专业技能。

16.2　通用资源管理

16.2.1　机场

在试飞项目规划期间,应根据跑道、空域、气象等要求确定试飞机场。试飞机场分为试飞基地机场和试飞外场。机场资源管理是型号试飞方案确定过程中启动最早的工作。

在试飞基地机场,应确保能够完成大部分试飞任务。因此,一般要求空域足够大且易于使用、全年可飞天数多、机场基本设施齐全。同时,由于试飞基地试飞一般需要大量人员长期跟飞保障。因此,基地机场或其周边应具备一定的配套生活设施,供保障人员工作和生活。

外场一般要求具备完成某些特殊科目的试飞条件,例如低温、高温、大侧风、自然结冰等。外场试飞一般周期较短,保障人员数量较少,对办公和生活设施的要求可适当降低。

试飞机场初步确认后,应及早与机场方面签订使用合同和协议,对于机场暂时无法满足型号试飞的项目,应及早识别并确保在试飞机入场前完善。

试飞机场资源调研中,应尽量做好机场备份,与备份机场做好沟通。在试飞期间,如遇特殊情况导致原目标机场不可使用时可及时在备份机场开展试飞,提高型号试飞的效率。

16.2.2　场务设施

场务设施是机场资源条件的重要组成部分,对于具有主流支线、干线客机保障能力的机场而言,其基本场务设施一般都能够满足常规民用飞机试飞的场务保障要求。根据 ARJ21-700 飞机试飞的经验,特殊气象和特殊场地试飞的机场多半集中在偏远地区或者军用机场,这些机场的设施保障能力与干线机场相差较大,需要及早识别。

场务设施资源管理在试飞准备阶段应列出试飞机的场务设施需求清单,明确相应的接口、指标参数等具体要求,并与目标机场管理方逐一核对。对于机场设施与试飞机保障需求不匹配时,应及时与机场管理方沟通,确保在试飞机入场前全部场务设施处于可用状态。

16.2.3　常用标准件与飞走化工备件管理

试飞现场的飞机常用标准件与飞走化工备件(指可以带上飞机随机运走的化工用品,如胶带、隔音棉等),由总装制造单位在试飞现场成立机务保障团队负责协调和现场管理。

（1）应在试飞机入场前将可能使用到的标准件运输至试飞现场库房保存。

（2）根据飞机执行机上更改或日常维护的需要,及时向采购部门提出采购申请。

（3）向制造单位提出日常维护可能使用到的飞走化工备件的采购需求,配合其完成材料的采购工作,确保试飞现场飞走化工备件充足。

（4）对于易变质材料,应确保试飞现场该类材料均在有效期内。

（5）对于例如丙酮、酒精等危险品需安全存放;对于胶黏剂等飞走材料,需按其要求的储存温度存放。

（6）当备件资源紧张或直接与总装生产现场发生冲突时,应结合试飞现场工作需要与生产管理部门协调,统一调配。

16.2.4　航油

应根据动力装置要求,提前在目标试飞基地储备足量燃油,并与相关供应商签订供应合同。

16.3　专用资源管理

16.3.1　机组资源的管理

试飞机组包含试飞员和试飞工程师,是试飞任务实施的核心,直接关系到试飞的安全和效率。试飞员又分申请人试飞员、局方试飞员和航线飞行员,试飞工程师也分申请人试飞工程师和局方试飞工程师。试飞员和试飞工程师都需接受专业试飞培训机构的培训并获得相应资质证明,并且要经过试飞机的机型培训,包括机型信息、部分操作程序和应急离机程序培训。

试飞现场应根据试飞员和试飞工程师的资质和参试经历,分配试飞任务。尽量由低技术难度向高技术难度、低风险向高风险逐步提高所执行的试飞任务难度。试飞过程中,如承试单位不具备相应资质或经历的试飞人员,则应及早协调其他试飞机构提供技术支持。对于具备较高风险或者技术难度的试飞科目,可通过专项培训、模拟器演练等方式使机组提高熟练度,以达到提高试飞安全和效率的目的。

试飞现场应制订试飞机组相关的生活管理制度和监控制度,确保试飞机组的身体健康状态和精神状态适合执行的试飞任务。如果机组出现异常状态不适合继续执行试飞任务,则应及时中断任务计划或者更换机组。

关于局方试飞员和试飞工程师的协调,ARJ21-700飞机试飞以公函的形式向审查组提交一个季度的"适航验证工作计划"和以局方的专用表格提交"周审定试飞计划",以此来让局方知晓审定试飞工作计划,及时安排试飞员和试飞工程师参与审定试飞活动。

16.3.2 常用成品备件的管理

试飞现场的机载设备等成品备件,一般由总装制造单位在试飞现场成立保障团队负责协调和现场管理。

(1)现场保障团队应在试飞机入场前将可能使用到的备件运输至试飞现场库房保存,在确定备件清单时可由设计单位给出建议。

(2)应确保现场成品备件数量充足,备件不足时应及时通过采购部门补充。

(3)正在供应商处返修的成品件,应协助采购部门跟踪返修工作。

(4)存在故障概率需要备件而暂无研制批备件的成品,先将预投产批成品运输至试飞现场暂时予以备用,待研制批备件到货后,再将预投产备件归还。

(5)针对急件安排专人专项处理,必要时安排专人送递试飞现场。

(6)对于有寿命使用限制的成品,需在试飞现场库房内控制其寿命,保障这些成品在需要使用时为可装机状态。

(7)对于如氧气瓶、灭火瓶等危险品,需存放妥当,按其对应的技术条件保存。

(8)对于起落架机轮等消耗较快速的成品,全程跟踪送交的翻修件进展情况。

16.3.3 设计保障资源的管理

相对于航线运行,试飞阶段试飞机出现问题的概率和复杂度都较高。因此,在试飞现场应长期配备设计人员以确保试飞阶段出现的问题及时得到分析和解决。

在试飞初期,飞机出现问题概率较高,现场设计保障人员的专业面应尽量覆盖全部的专业。在进行相应科目试飞时,对应专业应增加保障人员数量。在试飞后期,飞机状态趋于稳定,此时可缩减设计保障人员数量,但仍应覆盖机械系统、动力装置和航电系统。

16.3.4 测试改装资源管理

试飞现场的测试改装资源管理的目的在于合理安排相关测试和改装工作、调配有限的测试和改装资源以最大限度地获取有效的试飞数据。

测试和改装工作管理应综合考虑项目计划,考虑测试和改装工作所需的资源和周期。对于多架试飞机,还需合理安排各试飞机之间的测试和改装工作,避免多架试飞机同时进行测试和改装工作,导致测试改装工作本身由于人力资源不足而进展缓慢,进而影响整体试飞工作的进展。开展测试和改装工作时,应按照相应的技术规范施工并做好记录,测试和改装状态应作为飞机构型状态的一个组成部分。此外,应及时拆除不需要的测试和改装设备。

在试飞阶段,测试改装资源管理的重点在于调配已有的测试资源。例如,在多架试飞机同时飞行导致飞行监控资源不足时,应优先监控风险高、机组与地面沟通频繁的试飞科目。

参考文献

[1] 朱文俊.商用飞机试飞资源配置的思考[J].航空科学技术,2016,27(9):66-70.

索　引

大飞机出版工程

书　目

一期书目（已出版）

《超声速飞机空气动力学和飞行力学》（译著）

《大型客机计算流体力学应用与发展》

《民用飞机总体设计》

《飞机飞行手册》（译著）

《运输类飞机的空气动力设计》（译著）

《雅克-42M 和雅克-242 飞机草图设计》（译著）

《飞机气动弹性力学和载荷导论》（译著）

《飞机推进》（译著）

《飞机燃油系统》（译著）

《全球航空业》（译著）

《航空发展的历程与真相》（译著）

二期书目（已出版）

《大型客机设计制造与使用经济性研究》

《飞机电气和电子系统——原理、维护和使用》（译著）

《民用飞机航空电子系统》

《非线性有限元及其在飞机结构设计中的应用》

《民用飞机复合材料结构设计与验证》

《飞机复合材料结构设计与分析》（译著）

《飞机复合材料结构强度分析》

《复合材料飞机结构强度设计与验证概论》

《复合材料连接》

《飞机结构设计与强度计算》

三期书目（已出版）

《适航理念与原则》

《适航性：航空器合格审定导论》(译著)

《民用飞机系统安全性设计与评估技术概论》

《民用航空器噪声合格审定概论》

《机载软件研制流程最佳实践》

《民用飞机金属结构耐久性与损伤容限设计》

《机载软件适航标准 DO‒178B/C 研究》

《运输类飞机合格审定飞行试验指南》(编译)

《民用飞机复合材料结构适航验证概论》

《民用运输类飞机驾驶舱人为因素设计原则》

四期书目(已出版)

《航空燃气涡轮发动机工作原理及性能》

《航空发动机结构强度设计问题》

《航空燃气轮机涡轮气体动力学：流动机理及气动设计》

《先进燃气轮机燃烧室设计研发》

《航空燃气涡轮发动机控制》

《航空涡轮风扇发动机试验技术与方法》

《航空压气机气动热力学理论与应用》

《燃气涡轮发动机性能》(译著)

《航空发动机进排气系统气动热力学》

《燃气涡轮推进系统》(译著)

《燃气涡轮发动机的传热和空气系统》

五期书目(已出版)

《民机飞行控制系统设计的理论与方法》

《民机导航系统》

《民机液压系统》(英文版)

《民机供电系统》

《民机传感器系统》

《飞行仿真技术》

《民机飞控系统适航性设计与验证》

《大型运输机飞行控制系统试验技术》

《飞行控制系统设计和实现中的问题》(译著)

《现代飞机飞行控制系统工程》

六期书目（已出版）

《民用飞机构件先进成形技术》

《民用飞机热表特种工艺技术》

《航空发动机高温合金大型铸件精密成型技术》

《飞机材料与结构检测技术》

《民用飞机构件数控加工技术》

《民用飞机复合材料结构制造技术》

《民用飞机自动化装配系统与装备》

《复合材料连接技术》

《先进复合材料的制造工艺》（译著）

七期书目（已出版）

《支线飞机设计流程与关键技术管理》

《支线飞机验证试飞技术》

《支线飞机电传飞行控制系统研发及验证》

《支线飞机适航符合性设计与验证》

《支线飞机市场研究技术与方法》

《支线飞机设计技术实践与创新》

《支线飞机项目管理》

《支线飞机自动飞行与飞行管理设计与验证》

《支线飞机电磁环境效应设计与验证》

《支线飞机动力装置系统设计与验证》

《支线飞机强度设计与验证》

《支线飞机结构设计与验证》

《支线飞机环控系统研发与验证》

《支线飞机运行支持技术》

《ARJ21-700新支线飞机项目发展历程、探索与创新》

《飞机运行安全与事故调查技术》

《基于可靠性的飞机维修优化》

《民用飞机实时监控与健康管理》

《民用飞机工业设计的理论与实践》